# 빵맛의 비밀

# 빵맛의 비밀

_빵과 혈당, 풍미 추적한 제빵의 과학

**초판 1쇄 인쇄** 2024년 5월 1일

**초판 1쇄 발행** 2024년 5월 29일

**지은이** | 이성규　　**펴낸이** | 황윤억

**편집** | 김순미 문현우 황인재　　**디자인** | 홍석문(엔드디자인)

**발행처** | 헬스레터/(주)에이치링크　　**등록** | 2012년 9월 14일(제2015-225호)

**주소** | 서울 서초구 남부순환로 333길 36(해원빌딩4층)　　**우편번호** | 06725

**전화** | 마케팅 02)6120-0258　　**편집** | 02)6120-0259　　**팩스** | 02) 6120-0257

**전자우편** | gold4271@naver.com　　**영문명** | HL(Health Letter)

글·그림 ⓒ 이성규, 2024

값은 뒤표지에 있습니다.

ISBN 979-11-91813-13-5　93590

五味사이언스
빵맛과학

빵과 혈당,
풍미 추적한
제빵의 과학

# 빵맛의 비밀

| 이성규 지음 |

헬스레터

## 밀과 밀가루의 중요성

첫빵, 납작빵으로 실패_"밀의 단백질 함량이 낮은가 보네."

_슬로베니아 '스타 베이커' 나타샤의 조언

## 제빵의 중요성, 발효의 중요성

"르방빵은 르방빵대로, 제빵효모 발효빵은 제빵효모 발효빵대로
고유의 풍미와 특성이 있네."

_일본 '빵의 신' 니헤이 도시오 선생의 충언

## 과학적 빵 굽기, 제빵 개론서

"과학적 제빵을 통해 '레시피 따라 하기'를 넘어 나만의 빵 굽기를 한다."

_《빵맛의 비밀_빵과 혈당, 풍미 추적한 과학적 제빵론》의 집필 동기

 

 

나의 첫 빵은 팬케이크처럼 푹 퍼진 빵이었다. 흡사 발효하지 않은
무발효빵 같이 납작했다. 서로 붙어 있는 두 개의 납작빵을 보고 딸내
미는 레고 조각을 올려놓고 웃었다. 눈사람 같다고. 초보 제빵사들은
종종 벽돌빵을 구워낸다. 잘 부풀지 않아 속살이 벽돌같이 딱딱한 빵
이다. 하지만 내 첫 빵은 빵의 형태조차도 갖추지 못해 벽돌빵보다 못
한 빵이었다.

밀가루와 물을 섞어 7일 동안 컬처를 키우고, 다시 밀가루, 물, 소금, 르방을 섞어 빵 반죽을 만들 때까지만 해도 기공이 숭숭 뚫리고 빵빵하게 잘 부푼 르방빵을 구울 거라는데 한치의 의구심도 없었다. 세상에서 제일 잘나가는 베이커의 재료 배합표와 제빵법을 여러 번 읽어 줄줄 읊을 수 있을 정도로 숙지하고 있었기 때문이다. 그렇기에 첫 빵은 충격적이었다.

원인이 무엇인지 알고 싶었다. SNS에서 교류하던 여러 베이커들에게 조언을 구했다. 나타샤가 가장 먼저 답장을 보내왔다. 그는 슬로베니아의 스타 베이커다. 답장은 이런 질문으로 시작했다. "어떤 레시피를 따라 했니?" 채드 로버트슨Chad Robertson의 타르틴 시골빵 레시피를 따라 했다고 답했다. "그럼 밀가루는?" 우리밀을 썼다고 답했다. 당시 내가 굽는 빵엔 우리밀을 쓴다는 굳건한 신념을 가지고 있었다.

"아, 그럼 그게 원인이겠네." 우리밀이 원인이라니 이건 무슨 말인가 싶었다. "나도 처음엔 그랬어. 슬로베니아 밀가루로 타르틴 시골빵 레시피를 따라 빵을 구웠더니 네가 구운 빵처럼 나오더라고. 아마도 너희 나라 밀가루도 우리나라 밀가루처럼 단백질 함량이 낮은가 보다." 아하! 밀가루가 다르면 빵도 달라지는구나! 해결책도 궁금했다. "물의 양을 줄여봐." 얼마나 줄일까? "68%부터 시작해봐. 빵 나오는 걸 보고 좀 줄이거나 늘리면서 해 보면 될 거야." 아하! 밀가루에 따라 물의 양을 달리해야 하는구나! 조언대로 물의 양을 줄여봤다. 두 번째 빵은 좀 봉긋하게 부풀어 올랐고, 세 번째부터는 빵이라 부를 수 있는 결과물을 구워낼 수 있었다.

실패한 첫 빵이 밀가루의 중요성을 일깨워준 계기였다면 니헤이 도시오 선생은 제빵법, 특히 발효법에 대한 중요한 가르침을 주셨다. 선생은 일본의 빵신(神)이라 불리는 전설적인 베이커로 프랑스빵의 부흥을 이끈 레이몽 깔벨Raymond Calvel 교수의 일본인 애제자이시다. 평생 프랑스빵을 굽고 연구한 선생을 초짜 베이커가 만날 수 있었던 건 정말 행운이었다. 선생은 《Bon Pain 좋은 빵으로의 길》출판 기념 시연회를 개최했고, 나는 시연회 보조로 선생의 빵 굽는 모든 과정을 지켜볼 수 있었다. 시연회는 5일 동안 준비하였다. 첫날 반죽한 바게트 반죽을 냉장고에 넣어두었고, 선생도 우리도 모두 그 존재를 잊고 있었다. 4일째 되는 날 반죽의 존재를 알아챘고 바게트로 성형하여 구웠다.

노릇노릇하게 구워질 때쯤 제빵실은 고소한 견과류 향으로 가득 찼다. 오븐에서 나오자마자 뜨거운 김을 내뿜는 바게트를 하나 잡아 뚝 꺾으니 바삭하는 소리와 함께 온갖 향이 쏟아져 나왔다. 한입 베어 물자 입안에서 향이 폭발했다. 행복했다. 제빵효모로 발효한 빵이 이렇게 훌륭할 수가 있단 말인가? 그때까지 나는 르방빵만이 최고의 빵이라고 생각했다. 제빵효모로 발효한 빵은 거들떠볼 생각조차도 하지 않았다. 하지만 이 바게트는 그런 편견을 한 번에 깨버렸다.

시연회를 준비하는 동안 나는 선생께 "어떤 빵을 구워야 합니까?"라고 여쭈었다. "르방빵은 르방빵대로, 제빵효모 발효빵은 제빵효모 발효빵대로 고유의 풍미와 특성이 있네. 둘을 섞으면 또 다른 빵이 되지. 둘 간의 마리아주marriage를 연구해 보게나. 자네만의 빵을 구울 수 있을 거네." 선생의 충고는 내 '빵 여정'의 이정표가 되었다.

납작빵으로 나온 첫 빵을 시작으로 좋은 빵을 위한 여정이 시작되었다. 나타샤는 빵의 가장 중요한 재료인 밀가루의 중요성을 깨우쳐 주었고, 니헤이 도시오 선생은 제빵법 특히 발효법의 중요성을 가르쳐 주셨다. 구우면 구울수록 빵에 대한 더 많은 궁금증이 생겨났다.

우리밀과 수입밀의 차이점은 무얼까? 우리밀로는 왜 빵이 잘 안된다고 할까? 고대밀과 토종밀은 뭘까? 인류는 왜 밀 농사를 시작했을까? 호밀은 밀과 어떻게 다른가? 글루텐은 무엇인가? 소금이 글루텐을 강화한다는데 그건 어떤 기작일까? 제빵효모빵과 르방빵의 차이는 뭘까? 르방 속엔 어떤 미생물이 살고 있을까? 먹이에 따라 미생물 군집은 달라질까? 빵맛에 영향을 주는 요인은 무엇일까? 질문은 또 다른 질문으로 이어졌고 내 노트북 "밀" 폴더 안엔 점점 더 많은 자료가 쌓여갔다. 이 책은 빵맛의 근원과 좋은 빵을 탐색해 가는 여정 중에 맞닥뜨린 궁금증에 대한 내 나름의 답을 찾아가는 과정의 기록이다.

"빵톡"이라는 이름으로 빵에 대한 이런저런 이야기들을 풀어놓는 프로그램을 진행했다. 빵의 역사, 밀가루와 제빵이론 등이 프로그램의 주된 내용이다. 프로그램 끝에 의례 갖는 질의응답 시간에 종종 이런 질문을 받았다. "빵만 맛있게 잘 구우면 되지 이렇게 복잡하고 어려운 것까지 알아야 하나요?" 물론 몰라도 된다. 그래도 충분히 좋은 빵을 구울 수 있다. 하지만 원리를 알면 더 좋은 빵을 굽는 데 큰 도움이 된다. 더 나아가 남의 레시피 따라 하기를 넘어 자신만의 빵을 구울 수 있게 된다. 모쪼록 이 책을 읽는 이들이 자신만의 빵을 굽는 데 조금이나마 도움이 되길 바란다.

2024. 3. 12.

서울 목동 더베이킹랩에서 이성규

# 2부 | 빵 발효(醱酵, fermentation)

### 4장 르방

### 5장 제빵효모

# 3부 | 빵 굽기

## 6장 겉바속촉

## 7장 보기 좋은 빵이 맛있다

## 8장 오직 빵만이 낼 수 있는 풍미: 마이야르 반응

# 밀과 빵의 지식 창고

- **ESP**(exopolysaccharide): 유산균이 대사과정에서 만들어 내는 다당류. 반죽의 수분 흡수력, 반죽 특성과 가공성, 반죽 냉장 보관 시 안정성, 빵의 부피, 빵의 노화에 이로운 영향을 준다.

- **Fermentation quotient**(FQ): 빵 반죽 내에 존재하는 젖산과 초산의 비율. 젖산과 초산은 유산균에 의한 발효의 부산물이다. FQ는 빵 풍미를 평가할 때 주로 사용하며, 이상적인 범위는 1.9~3.2이다. FQ가 낮으면 초산이 젖산보다 많으므로 빵에서 식초처럼 톡 쏘는 신맛이 느껴진다. 반면, FQ가 높으면 젖산이 초산보다 많으며 빵에서는 요구르트의 부드러운 신맛이 두드러지지만, 신맛이 약해 맛이 밋밋하다.

- **경도**: 밀알의 단단함 정도를 나타내는 지표로 밀알의 품질 지표 중 하나다. 경질밀과 연질밀로 구분한다. 경도는 제분 시 발생하는 손상 전분량과 밀접한 관련이 있다. 경질밀의 손상 전분이 연질밀보다 많다.

- **고대밀**: 인류가 고대로부터 재배해온 밀. 대략 8,000년 이전부터 재배하던 밀을 고대밀이라고 한다. 외알밀einkorn, 엠머emmer, 듀럼밀 durum, 스펠트spelt, 코라산Khorasan 등이 고대밀에 속한다.

- **고추출 밀가루**: 알곡을 맷돌로 제분한 후 체로 쳐 밀기울을 제거한 밀가루. high extraction flour 또는 bolted flour라고 한다. 맷돌 제분 특성상 체로 쳐 제거해도 밀기울과 배아의 일부가 밀가루에 포함되어 있다.

- **글루텐**: 글루테닌과 글리아딘이 물을 만나 형성하는 3차원 망 구조. 반죽 발효 시 효모나 유산균이 만드는 이산화탄소를 포집하여 빵을 부풀리기 때문에 밀가루의 제빵성을 좌우한다. 밀알이나 밀가루에는 글루텐이 없다. 다만, 글루텐을 형성하는 글루텐 형성 단백질(글루테닌과 글리아딘)이 들어있다. 글루테닌은 탄성을, 글리아딘은 점성과 신장성을 갖는다. 밀가루의 제빵성은 글루텐 단백질의 양과 질에 영향을 받는다.

- **르방**: 집이나 아티장 브레드를 지향하는 베이커리에서 직접 배양해서 사용하는 빵 발효제. 사카로미세스 세레비지에saccharomyces cerevisiae라는 단일 품종인 제빵효모와 달리 르방에는 다종의 효모와 유산균이 존재한다. 제빵효모로 발효한 빵에 비해 장점이 많으나 관리가 어렵고 제빵 공정이 복잡하다는 단점이 있다. 천연발효종, 르방 levain, 사워도우sourdough, 사워타이크sauerteig 등으로 불린다. 천연발효종이라는 용어는 일본에서 건너왔다. 최근 일본에서도 천연이라는 용어를 사용하지 말자는 주장이 나오고 있으며 그 대안으로 자가제 발효종이라는 용어를 사용하고 있다.

- **리치 브레드**: 버터, 우유, 달걀, 설탕이 들어간 부드러운 빵. 브리오슈가 대표적인 리치 브레드이다.

- **리퀴드 르방**liquid levain: 수분율이 100~120%로 높은 르방. 1994년 프랑스의 제빵사인 에릭 케제르Eric Kayser가 상업화한 Fermentor-levain이라는 발효기로 인해 보급되기 시작한 르방이다. 전통적인 스티프 르방과 달리 종 키우기를 한 단계로 줄였고 장비에 자동온도조절 기능이 있어 관리가 편하다. 규모가 큰 베이커리를 중심으로 빠르게 보급되어 스티프 르방을 대체하였다.
- **린 브레드**: 버터, 우유, 달걀, 설탕 없이 밀가루, 소금, 물만으로 굽는 담백한 빵. 시골빵, 바게트, 호밀빵이 대표적이다.
- **무발효빵**: 피타처럼 발효하지 않고 굽는 빵. 성경에 나오는 무교병이 무발효빵이다.
- **밀 단백질**: 밀싹 성장에 필요한 효소와 아미노산을 제공할 목적으로 밀알에 들어있는 단백질. 밀알 성분 중 8~15%가 단백질이다. 크게 수용성 단백질과 불용성 단백질로 나눌 수 있다. 알부민, 글로불린이 전자에 해당하며, 글루테닌, 글리아딘이 후자에 해당한다. 수용성 단백질의 일부는 아밀라아제, 프로테아제 등 효소이다. 글루텐을 형성하는 불용성 단백질은 저장 단백질로 밀싹에 질소와 아미노산을 제공한다. 글루테닌과 글리아딘은 전체 단백질 중 80%를 차지한다.
- **발효빵**: 제빵효모나 르방으로 반죽을 발효해서 굽는 빵. 효모나 유산균의 대사물질인 이산화탄소로 인해 빵이 부풀어 식감이 폭신하다.
- **빵밀**: 6배체밀로 현재 재배되고 있는 대부분의 밀. 지금으로부터 약 8,000년 전 4배체밀인 엠머와 야생 염소풀Ae. tauschii의 교잡으로 탄생했다.

- **사전 반죽**: 빵의 풍미 증진을 위해 반죽에 사용할 밀가루 일부를 미리 발효한 것. 르방, 비가, 풀리쉬 등이 있다.

- **수분율**: 빵 반죽에 들어가는 물의 양으로 밀가루 중량 대비 물의 중량비로 표시한다. 빵 반죽 재료 배합에서 밀가루 100g, 물 70g을 사용할 때 반죽의 수분율은 70%이다. 학계에서는 반죽수율(dough yield, DY)이라는 개념을 사용한다. 밀가루 100에 밀가루 대비 물의 중량비를 더한다. 수분율 70%는 DY170이 된다.

- **스티프 르방**stiff levain: 수분율이 낮은 르방. 르방 뒤흐levain dur, 파스타 마드레pasta madre, 리에비토 마드레lievito madre라고도 부른다. 유럽에서 르방빵 발효를 위해 전통적으로 사용하던 르방으로, 수분율은 50~60%이다. 스티프 르방으로 르방빵을 굽기까지 2~3단계의 종 키우기를 거쳐야 했기에 제빵 공정이 복잡하고 시간도 오래 걸렸다.

- **아밀라아제**: 전분을 효모와 유산균의 먹이인 당분으로 분해하는 효소. $\alpha$-아밀라아제는 전분을 덱스트린과 올리고당으로 분해하고, $\beta$-아밀라아제는 덱스트린과 올리고당을 맥아당으로 분해한다. 밀가루 첨가제로 사용되기도 한다. 아밀라아제는 곡물에서 유래한 아밀라아제와 곰팡이에서 나온 아밀라아제가 있다. 곰팡이 기원 아밀라아제는 비활성화 온도가 높아 빵 반죽에 사용하기에 적합하지 않다.

- **오토리즈**autolyse: 밀가루와 물을 섞어 일정 시간 놓아두는 믹싱 초기 단계의 제빵 공정. 오토리즈는 수십 분에서 수 시간 동안 지속한다. 밀가루가 물을 만나면 글루텐 형성 단백질이 수화되어 글루텐 망이 형성된다. 오토리즈 후 소금, 효모, 발효종 등 나머지 재료를 넣고 믹싱을

마무리한다. 오토리즈를 하면 반죽의 신장성이 늘어나고, 글루텐이 어느 정도 형성되기 때문에 치대기 강도와 시간을 줄일 수 있다. 오토리즈는 저명한 프랑스 제빵 이론가인 레이몽 깔벨 교수가 개발한 방법이다. 믹서를 이용한 강한 치대기를 방지함으로써 밀가루의 과도한 산화로 인한 밀 풍미 소실을 막아 빵의 풍미를 개선하기 위한 대책이었다. 믹서를 사용하지 않는 홈베이커에게 아주 유용한 방법이다.

- **육종**: 서로 다른 형질을 갖는 두 품종을 인공적으로 교배하여 새로운 품종을 만드는 것. 전통적으로 수분을 이용하였으나 최근에는 유전자 편집 기술을 활용하고 있다. 1950, 60년대 이후 수확량이 많고, 병충해 저항성이 높고, 제빵성이 좋은 품종 개발을 목표로 활발하게 진행되었다. 육종밀 보급으로 수확량은 늘었으나, 밀 고유의 향과 풍미는 떨어졌다.

- **제분율**: 밀가루의 수율이다. 100g의 밀 알곡을 제분했을 때 몇 g의 밀가루가 나오는지를 보여주는 수치이다.

- **제빵효모**: 사카로미세스 세레비지에라는 단일 품종의 효모이다. 사카로는 당, 미세스는 곰팡이, 세레비지에는 맥주를 뜻하는 라틴어로, 당을 먹이로 하는 맥주효모라는 뜻이다. 대형 발효조에 효모 균주를 넣은 후 사탕수수 당밀, 질소, 미네랄 등을 먹이로 공급하고 공기를 불어 넣으면서 10여 시간 증식 후 수분을 제거하여 제품을 만든다. 가공 방식에 따라 생효모, 건조효모, 인스턴트 건조효모로 구분한다.

- **천립중**: 밀알 1,000개의 무게다. 밀알 품질 지표 중 하나로 제분율과 밀접한 관련이 있다. 천립중이 높으면 제분율도 높다.

- **추파밀**: 가을에 파종하여 이듬해 초여름에 수확하는 밀. 우리나라를 포함하여 전 세계 대부분 산지의 밀이 추파밀이다. 우리나라에서는 10~11월에 밀을 파종하며 밀은 수 cm 큰 후 겨울 동안 휴면하고 이듬해 봄, 기온이 올라가면 빠르게 자라 6월 말에서 7월 초 사이에 수확한다. 추파밀은 봄에 이미 어느 정도 자라 있기에 풀보다 성장이 빨라 풀의 영향을 적게 받는다.

- **춘파밀**: 봄에 밀알을 파종하여 가을에 수확하는 밀. 캐나다처럼 추위가 심한 고위도 지역에서는 밀이 월동하지 못하기 때문에 봄에 파종한다. 추파밀보다 단백질 함량이 높다.

- **컬처, 스타터, 르방**: 르방빵 발효제인 스타터를 만들기 위해서는 물과 밀가루를 섞어 미생물을 배양해야 한다. 대략 7일 정도면 안정화된 미생물 군집을 얻을 수 있다. 컬처, 스타터, 르방은 기본적으로 같은 것이다. 다만, 시기가 다르다. 배양 첫날부터 7일까지를 컬처라고 부르고 그 이후로는 스타터라고 부른다. 르방은 빵 반죽에 사용할 사전 반죽으로 스타터에 물과 밀가루를 더 넣어 증량한 것이다. 이 책에서는 스타터와 르방을 같은 것으로 보고 구분 없이 사용했다.

- **토종밀**: 조상 대대로 대물림받아 기른 밀. 미국에서는 1950년대 이전, 유럽에서는 1960년대 이전에 재배하던 밀이다. 미국은 1950년대, 유럽은 1960년대 육종밀이 대량으로 보급되었기 때문에 이 시기 이전의 밀을 토종밀이라고 한다. 우리나라 토종 씨앗 보존과 보급 운동을 하는 전국씨앗도서관협의회 박영재 대표는 한 지역에서 30년 이상 씨앗을 받아 재배한 품종을 토종이라고 정의하였다. 세계기상기구가 정한 평

균 기후의 산출 기간이 30년으로, 이 기간 동안 한 지역의 기후에 적응한 품종은 토종이라고 인정할만하다는 의미이다. 우리나라 토종밀에는 토종키작은밀과 참밀이 있다.

- **토종키작은밀(앉은뱅이밀)**: 초장 50~60cm로 키가 작은 우리나라 토종밀. 앉은뱅이밀로 불렀으나 최근 앉은키밀로 개명되었다. 앉은뱅이나 앉은키나 모두 키가 작다는 뜻이기에 "키작은밀"이라 부르는 게 낫다고 생각한다. 요즘 재배되는 밀은 모두 키가 작으니 구분을 위해 토종을 붙여 토종키작은밀이라고 부를 것을 제안한다. 토종키작은밀은 알이 작고, 표면이 붉은색이며, 알이 무른 연질밀이다. 알이 작기에 인터넷에서 알려진 것과는 반대로 제분율이 낮다. 종자의 중요성을 인정받아 국제슬로푸드협회 맛의 방주에 등재되었다.

- **펜토산**: 밀과 호밀에 들어있는 전분의 한 종류이다. 일반 전분과 펜토산의 차이는 분자 구조에 있다. 전분은 탄소 원자 6개로 된 분자로, 펜토산은 탄소 원자 5개로 된 분자로 이루어져 있다. 전분을 육탄당, 펜토산을 오탄당이라고 부르는 이유이다. 밀의 펜토산 함량은 1.5~2.5%이다. 호밀의 펜토산 함량은 7~11%로 밀보다 훨씬 높다. 호밀빵이 부푸는데 펜토산의 역할이 크다.

# 빵맛과 풍미의 기원

**맛있는 빵을 향한 나의 여정**

**빵맛과 풍미의 4가지 근원**

① 밀 고유의 맛과 향

② 발효 풍미

③ 빵 굽는 공정의 '마이야르 반응' 풍미

④ 견과류, 과일, 치즈 등 충전물의 맛

어떤 빵이 좋은 빵일까? 전작 『밀밭에서 빵을 굽다』에서 좋은 빵에 대한 기준을 소개했었다[1]. 로컬 재료인 우리밀로 구운 빵, 밀 특유의 향과 풍미가 살아 있는 빵, 장시간 발효한 빵, 맛있는 빵, 빵의 특성을 제대로 살린 빵을 좋은 빵의 기준으로 소개했다. 다섯 가지 기준이 많다면 단 두 가지로 줄일 수도 있다. 바로 건강하고 맛있는 빵이다. 건

강한 빵은 그리 어렵지 않다. 첨가제 없이 좋은 재료로 장시간 발효해서 구우면 된다. 하지만 맛있는 빵은 쉽지 않다.

먹는 즐거움이 없는 인생은 무미건조하다. 먹는다는 건 단지 신체의 신진대사에 필요한 영양분을 취하는 것 이상의 의미가 있다. 빵도 마찬가지다. 건강에 좋은 빵만으로는 부족하다. 건강에 좋으면서 맛도 있어야 한다. 그럼, 빵맛은 어디에서 올까? 빵맛과 풍미의 근원은 크게 네 가지다. 밀 고유의 맛과 향, 발효과정에서 나오는 풍미, 빵을 굽는 동안 마이야르 반응으로 생성되는 풍미, 그리고 견과류, 과일, 치즈 등 충전물이 그것이다.

가이 크로스비Guy Crosby는 풍미를 입으로 느끼는 물리적 느낌인 질감, 음식을 씹을 때 나는 소리, 음식의 온도, 생김새, 그리고 그 음식과 관련된 추억들을 처리하여 뇌가 만든 이미지라고 하였다[2]. 음식의 풍미는 단순히 혀에 있는 맛봉오리로 느끼는 맛 이상이다. 오랫동안 음식의 풍미는 혀로 느끼는 맛과 코로 감지하는 냄새라고 정의하였다. 하지만 신경미식학의 최신 연구에 따르면, 미각과 후각뿐만 아니라 청각, 촉각, 시각 등 모든 감각기관이 인지한 결과라는 주장이 주류로 자리 잡아가고 있다.

아래 그림과 같이 식탁 위에 르방빵 한 덩이가 있다고 상상해 보자. 토스트 하기 위해 빵 절반을 막 잘랐다. 자른 빵 조각과 아직 자르지 않고 남은 절반의 빵이 보인다. 빵은 봉긋하게 잘 부풀었고 베이커들

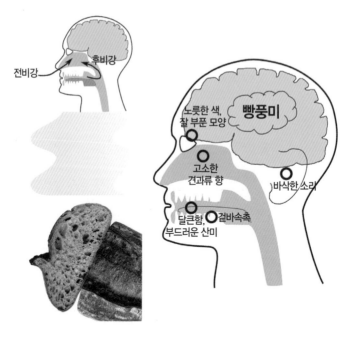

전비강

후비강

노릇한 색,
잘 부푼 모양

빵풍미

고소한
견과류 향

바삭한 소리

달큰함,
부드러운 산미

겉바속촉

• 식탁 위에 르방빵 한 덩이 •

의 로망인 귀도 예쁘게 생겼다. 연한 갈색에서 짙은 갈색까지 다양한
색이 나는 크러스트는 보기만 해도 고소한 견과류의 맛이 날 듯 먹음
직스럽게 보인다. 한 입 베어 물면 바삭하고 경쾌하게 부서질 듯하다.
토스트를 위해 자른 빵 속살엔 발효가 잘된 빵에 나타나는 크고 작은
기공이 불규칙하게 배열되어 있다. 발효가 만들어 내는 적당한 산미
가 기대감을 높인다. 반질반질하게 빛이 나는 큰 기공 벽면은 크러스
트의 바삭한 식감과 대비되는 속살의 부드러움을 기대하게 한다. 겉
바속촉의 기대감에 당장이라도 손을 뻗어 한 조각 베어 물고 싶은 욕
구가 샘솟는다.

빵맛의 비밀

한 조각 잡고 한 입 베어 문다. 윗니와 아랫니 사이로 빵 조각이 눌리면서 혀에 닿는 순간 맛봉오리에서 미세한 단맛과 산미가 느껴진다. 요구르트처럼 은은한 신맛이 나는 걸 보니 이 르방빵은 비교적 높은 온도에서 발효했나 보다. 혀 안쪽에 닿은 크러스트에서는 감칠맛이 느껴진다. 밀의 글루텐 단백질이 고온에서 마이야르 반응을 거쳐 감칠맛 성분으로 바뀐 탓이다.

빵 풍미의 상당 부분은 냄새에서 온다. 전비강과 후비강에서 냄새를 맡을 수 있다. 들이마시는 숨을 따라 전비강으로 들어온 냄새 성분이 감지된다. 사람의 후각은 잘 발달해서 빵을 보기도 전에 빵 냄새를 맡을 수 있다. 잘 구워진 르방빵에서는 버터 향과 견과류의 고소한 향이 난다. 빵을 한 입 베어 물고 씹은 후 입을 닫고 삼키는 순간 날숨을 따라 후비강에서 다시 한번 냄새를 맡게 된다. 씹는 동안 빵에 있던 풍미 성분들이 후비강을 따라 이동하며 후각 수용체를 자극하면 후각 수용체는 냄새 성분을 감지하고 뇌는 후각 수용체가 보낸 신호를 조합하여 빵 풍미 이미지를 만든다.

빵을 씹을 때 귀로 전해지는 잘 구운 크러스트의 바삭하며 부서지는 소리는 빵이 신선하고 단맛이 난다고 생각하게 한다. 씹을 때 음식에 따라 다른 주파수대의 소리가 난다. 당근의 아삭한 소리는 1~2kHz, 바삭한 플랫브레드 씹는 소리의 주파수는 5kHz 이상이다. 참고로 남자의 저음은 0.13kHz, 아기 울음소리는 3.5kHz이다. 바삭한 플랫브레드의 주파수가 아기 울음소리보다 더 높다. 음식을 씹을 때 나는 소리의 주파수가 높으면 단맛을, 낮으면 쓴맛을 느낀다고 한다.

촉각 또한 풍미에 영향을 준다. 바삭한 크러스트와 기공이 잘 발달하고 전분 호화가 잘 된 부드러운 속살이 주는 대조적인 식감은 먹는 즐거움을 준다. 뿐만 아니라 딱딱함과 부드러운 식감의 대조는 단맛을 더 강조한다. 빵맛과 풍미는 모든 감각기관이 감지한 신호를 뇌가 종합적으로 조합하여 그려낸 이미지인 셈이다.

심지어 뇌세포 속 어딘가에 저장된 기억(추억)도 빵맛에 영향을 준다. 20대 때 떠난 배낭여행 중 파리의 어느 조그만 빵집에서 사먹었던 바게트의 맛은 아직도 기억에 생생하다. 어느 빵집에서 그때 먹었던 것과 비슷하게 생긴 바게트를 만나면 나도 모르게 군침이 돈다.

이렇듯 빵맛은 복잡하다. 그래서 어렵다. 하지만 오감을 만족하는 맛있는 빵을 굽는 게 불가능하진 않다. 빵맛과 풍미는 재료와 제빵 공정에 의해 결정되기에 재료와 제빵 공정을 조절함으로써 빵의 모양, 식감, 맛과 풍미를 얼마든지 만들어 낼 수 있기 때문이다. 빵맛과 풍미에 영향을 주는 요소들과 이들이 맛과 풍미에 어떤 영향을 어떻게 미치는지 밝혀내는 것이 이 책의 목표이다.

빵맛의 비밀

이 책은 크게 세 부분으로 구성하였다. 제1부에선 빵의 가장 중요한 재료인 밀과 밀가루가 빵맛과 풍미에 미치는 영향을 살펴보았다. 밀의 구조, 분류, 밀의 진화에 대해 알아본 후 밀가루의 제분 특성을 결정하는 전분과 글루텐에 대해 다루었고, 제분과 밀가루에 대한 설명으로 마무리하였다. 제2부와 제3부는 빵맛과 풍미에 가장 큰 영향을 주는 두 가지 제빵공정을 다룬다. 제2부에서는 발효에 관해 기술하였다. 전통적인 발효법인 르방 발효와 최신 기술인 제빵효모 발효를 다루었다. 발효는 미생물 대사작용의 결과이므로 미생물에 대해 많은 지면을 할애하였다. 제3부에서는 굽기의 영향을 분석하였다. 굽기 공정에서 만들어지는 식감, 풍미, 모양을 주로 다루었다. 본문 중간 중간에 있는 〈제빵 노트〉에 논란의 소지가 있는 주제들을 다루었다. 온라인상에 돌고 있는 제빵 관련 오해를 바로잡는데 조금이라도 도움이 되었으면 하는 바람이다. 이제 빵맛을 향한 여정을 시작해 보자.

**16세기 밀을 수확하는 농부들.** 남자들은 긴 낫(scythe)으로 밀을 베고 있고, 여자들은 밀단을 묶어 세우고 있다. 수확철 황금빛의 잘 익은 밀은 남성 어깨높이 정도이다. 1950년대 밀 육종이 시작되기 전까지 밀은 이렇게 키가 컸다. 농부들은 나무 그늘 아래에서는 점심 식사 후 휴식 중이고, 한 여성은 바구니의 큰 빵을 칼로 자르고 있다. 당시 빵의 크기를 짐작할 수 있다. 밀 수확 장면을 그린 르네상스 후기 작품이다.

수확하는 사람들 The harvesters, Pieter Bruegel the Elder 1565년 작

# 제1부

# 밀과 밀가루

제1부는 빵의 가장 중요한 재료인 밀과 밀가루가 빵맛과 풍미에 어떤 영향을 미치는지 알아본다. 밀의 구조와 성분, 밀의 진화와 셀리악병, 빵을 결정하는 전분과 글루텐, 수분율에 따른 글루텐 구조의 변화, 빵의 뼈대가 되는 글루텐과 속살 격인 전분, 제분방식에 따른 밀가루 특성의 차이와 밀가루 품질기준에 대한 이야기를 담았다.

# 1장

## 밀이
## 중요하다

나는 주로 린 브레드를 굽는다. 버터, 우유, 달걀, 설탕 없이 밀가루, 소금, 물만으로 굽는 담백한 빵이다. 가끔은 빵을 좀 더 부풀리기 위해 제빵효모를 아주 조금 넣기도 한다. 시골빵pain de campagne이 대표적인 린 브레드이다. 〈그림 1〉은 내가 사용하는 시골빵의 재료 배합표이다. 밀가루, 물, 소금을 재료로 사용한다. 비중은 각각 57%, 41.9%, 1.1%이다. 물은 정제수(수돗물)를 사용하니 특별할 건 없다. 소금도 일반 천일염이나 정제염을 쓰니 역시 마찬가지다. 제빵에서 물과 소금의 역할을 과소평가할 순 없지만 빵에 결정적인 영향을 미치는 건 밀가루이다. 따라서, 나만의 빵, 맛있는 빵을 굽기 위해선 밀가루에 대한 충분한 이해가 필요하다. 빵의 원재료인 밀가루 이해는 베이커에게 가장 필수적인 소양이다.

| 재료 | %[1] |
|------|------|
| 우리밀 | 100% |
| 물 | 68% |
| 르방 | 40% |
| 소금 | 2.4% |
| 합계 | 210.4% |

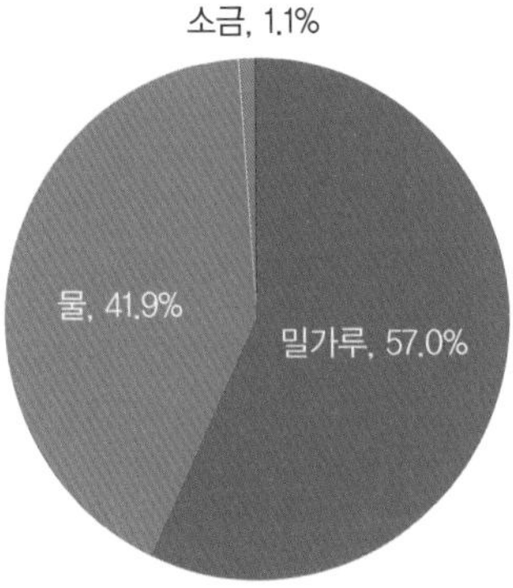

소금, 1.1%
물, 41.9%
밀가루, 57.0%

• [그림 1] 시골빵 재료 배합표와 재료 구성 비율 •

---

[1] 여기서 백분율은 밀가루 대비 재료의 비율이다. 당연히 밀가루의 비율은 100%이다. 이를 baker's percentage라고 부른다.

밀가루는 밀 알곡의 가루이다. 그게 뭐 새삼스럽냐고? 딱히 새삼스러울 건 없다. 하지만 밀은 알곡이 아닌 가루로 소비한다는 데서 복잡한 문제가 생긴다. 쌀은 주로 알곡으로 먹는다. 따라서 쌀의 이해는 단순하다. 도정 여부에 따라 백미나 현미가 되고 도정 정도에 따라 5분도, 7분도 현미가 된다. 하지만 밀은 가루를 내기 때문에, 밀기울과 배아를 완벽하게 제거한 백밀과 밀기울과 배아를 포함하여 밀 알곡이 그대로 담긴 통밀, 그리고 백밀과 통밀 사이 어딘가에 있는 다양한 유형의 밀가루가 나올 수 있다. 밀가루는 밀 알곡을 가루 낸 것이니 밀가루를 이해하기 위해선 우선 밀 알곡을 알아야 한다.

빵맛의 비밀

# 1-1
# 밀알의 구조와 성분 조성

씨앗은 도시락 속에 담긴 식물의 아기이다. 켄터키대학교 식물학 교수 캐럴 배스킨Carol Baskin의 말이다. 씨앗에 대한 최고의 비유이다. 씨앗은 크게 배유, 배아, 기울로 이루어져 있다(그림 2). 배아와 배유를 밀기울이 둘러싸고 있는 구조이다. 배아는 장차 새로운 식물 개체로 자랄 식물의 아기이고, 배유는 아기가 성장 초기에 먹을 음식이다. 기울은 아기와 음식을 보호하는 단단한 도시락 통인 셈이다. 배아는 적당한 온도에서 물을 만나면 싹을 틔운다. 식물로 자라기 위한 기나긴 여정의 시작이다.

전분과 단백질로 이루어진 배유는 씨앗이 발아해서 잎을 내고 광합

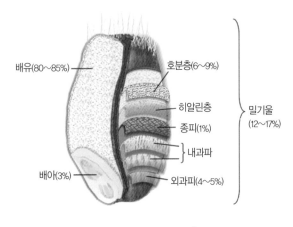

배유(80~85%)
호분층(6~9%)
히알린층
종피(1%)
밀기울 (12~17%)
내과파
배아(3%)
외과피(4~5%)

• [그림 2] 밀 알곡의 구조[3] •

성을 통해 스스로 먹이를 만들기 전까지 새 생명에게 필요한 영양분을 공급한다. 식물은 잎에 있는 엽록소의 광합성 작용으로 먹이를 만들어 낸다. 하지만 갓 발아한 식물에는 광합성 작용을 할 잎이 없기에 먹이를 스스로 만들 수 없다. 이때 식물은 배유를 양분 삼아 장차 먹이를 만드는 데 필요한 뿌리와 잎을 만든다. 밀기울은 새 생명의 생장에 필요한 다양한 미네랄을 공급한다. 미네랄 성분은 주로 기울의 맨 안쪽에 있는 호분층에 있다. 배유에 저장된 전분과 단백질 분해에 필요한 아밀라아제, 프로테아제 등 효소 또한 호분층에 들어있다.

밀 알곡은 전분, 단백질, 지질, 미네랄, 식이섬유, 물로 이루어져 있다. 전분이 65~68%로 가장 많으며, 단백질은 10~13%, 지방이 3%를 차지한다(그림 3). 밀 구성 성분의 함량은 부위에 따라 다르다. 〈그

빵맛의 비밀

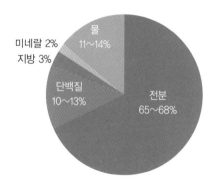

• [그림 3] 밀알의 성분 조성 •

림 4〉에 부위별 구성 성분의 비율을 표시하였다. 수분을 뺀 밀 구성 성분들의 비이다. 배유 대부분은 탄수화물(전분)이고, 배아에서는 탄수화물, 단백질과 식이섬유 함량이 높으며, 밀기울에서는 식이섬유와 미네랄의 함량이 다른 부위에 비해 훨씬 높다. 부위별로 성분 함량이 다르기 때문에 제분 방식에 따라 밀가루 성분이 달라진다. 이에 대해선 제1부 3-2절에서 자세히 다룰 것이다.

전분은 밀이 광합성 작용으로 만든 탄수화물로, 수많은 포도당 분자로 이루어져 있다. 배유 대부분이 전분이다. 전분은 생명체가 생명을 유지하는 데 필요한 대표적인 에너지원이다. 밀알에 있는 전분은 밀알이 싹터 새로운 개체로 자랄 때 필요한 에너지를 제공할 목적으로 저장된 에너지원이다. 포도당 분자들의 결합 구조에 따라 아

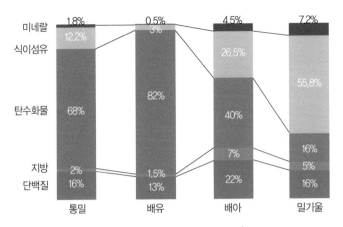

| | 미네랄 | 1.8% | 0.5% | 4.5% | 7.2% |
| 식이섬유 | 12.2% | 3% | 26.5% | 55.8% |
| 탄수화물 | 68% | 82% | 40% | 16% |
| 지방 | 2% | 1.5% | 7% | 5% |
| 단백질 | 16% | 13% | 22% | 16% |
| | 통밀 | 배유 | 배아 | 밀기울 |

• [그림 4] 밀알 부위별 성분 비율[4] •

밀로스와 아밀로펙틴으로 나뉜다. 아밀로스는 긴 선 모양이고, 아밀로펙틴은 여러 개로 가지 친 형태이다. 아밀로펙틴은 아밀로스보다 분자량이 더 크다. 밀 전분은 아밀로스가 26~28%, 아밀로펙틴이 72~74%로 아밀로펙틴 함량이 더 높다. 전분은 단단한 결정체이며, 결정은 아밀로스와 아밀로펙틴으로 채워져 있다.

밀에는 알부민, 글로불린, 글리아딘, 글루테닌 등 4종의 단백질이 있다. 전체 단백질 함량 중 알부민과 글로불린이 15~20%, 글리아딘과 글루테닌이 80~85%를 차지한다. 빵을 만드는 이들이 가장 관심을 두는 단백질은 글리아딘과 글루테닌이다. 밀가루의 제빵 특성에 지대한 영향을 끼치기 때문이다. 이 두 단백질은 물과 만나면 서로 연결되어 글루텐을 형성한다. 글루텐은 입체적인 3차원 벌집 구조를 이루며, 그 안에 빵 반죽이 발효되면서 발생하는 이산화탄소를 포집하

빵맛의 비밀

여 빵을 부풀게 한다. 엄밀하게 말하면 밀가루에는 글루텐이 없다. 다만, 글루텐을 형성하는 단백질[2]이 존재할 뿐이다. 이 두 단백질이 밀싹의 성장에 필요한 단백질원이기 때문에 밀의 입장에서도 대단히 중요하다. 글루테닌과 글리아딘은 식물의 저장 단백질이다. 프로말린 promalin이라 부른다. 말 그대로 씨앗에 저장된 단백질이다. 프로말린에는 글루타민과 프롤린이라는 아미노산이 풍부하다. 이들 아미노산은 세포를 형성하는 등 식물 성장에 필수적인 영양소이다.

알부민과 글로불린은 글리아딘이나 글루테닌과 달리 저장 단백질이 아니다. 이들의 역할은 식물 성장을 위한 아미노산 공급이 아니라는 의미이다. 알부민과 글로불린은 수용성으로 물에 잘 녹는다. 물에 닿자마자 자신에게 부여된 역할을 할 준비를 마친다. 이 두 단백질이 씨앗에서 맡은 역할은 효소 형성과 세포와 세포 사이의 물질 전달이다. 씨앗이 새로운 개체로 성장하려면 많은 양분이 필요하다. 이 양분은 이미 씨앗에 저장되어 있다. 전분, 단백질, 지질이 대표적인 양분이다. 씨앗에 저장된 양분은 너무 크기 때문에 식물 세포가 바로 이용할 수 없다. 세포가 이용할 수 있도록 잘게 잘라야 하는데 효소가 이 역할을 맡는다. 아밀라아제, 프로테아제, 리파아제가 각각 전분, 단백

---

2) 이를 글루텐 형성 단백질 gluten forming protein, 또는 글루텐 단백질 gluten protein이라 한다.

질, 지질을 분해한다. 이 외에 갖가지 효소가 각자 맡은 역할에 따라 다양한 성분을 분해한다. 알부민과 글로불린은 물을 만나자마자 분해되어 효소를 형성하고 효소는 씨앗에 저장된 각종 양분을 새싹이 이용할 수 있는 형태로 분해한다. 씨앗이 물에 닿은 다음 날 바로 뿌리를 내는 건 알부민과 글로불린의 효소 활성화에서 시작된 연쇄반응의 결과이다.

밀 알곡에는 지질도 조금 들어있다. 탄수화물과 함께 새싹이 자라는 데 필요한 영양분을 제공한다. 제빵에서 지질[3]은 여러 가지 역할을 한다. 빵을 부드럽게 하고, 풍성한 풍미를 만들어 내고, 노화를 지연한다. 밀 알곡에 있는 지질도 반죽에 넣는 유지와 같은 효과를 낸다.

밀가루는 밀 알곡을 가루 낸 것이다. 알곡은 제분하는 과정에서 다양한 변화를 겪는다. 배유가 밀기울에서 분리된 후 각각 고운 입자로 갈린다. 제분 과정에서 가장 큰 변화는 배아가 손상된다는 점이다. 손상된 배아는 아기 씨앗의 기능을 상실한다. 따라서 밀가루는 적당한 환경에 놓인다 해도 발아하여 새로운 식물 개체로 성장할 수 없다.

---

[3] 보통 유지라고 한다. 버터, 우유, 올리브 오일 등이다.

하지만, 비록 배아가 손상되어 새로운 식물 개체가 될 수는 없지만, 밀가루에는 발아에 필요한 성분들이 그대로 담겨있다. 빵 반죽을 위해 밀가루에 물을 섞으면 밀 알곡이 물을 만났을 때처럼 발아를 위한 일련의 과정이 진행된다. 호분층에 들어있던 효소가 활성화되어 배유의 전분과 단백질을 잘게 쪼갠다. 잘게 잘린 전분과 단백질은 빵 반죽에 더해진 효모나 유산균의 먹이가 된다. 효모나 유산균이 어미 식물이 준비해 둔 아기 식물을 위한 먹이를 먹고 성장하는 것이다. 이게 빵 반죽의 발효다. 제빵은 씨앗의 발아 원리를 이용하여 밀가루를 발효하여 빵으로 만드는 것이다. 빵은 결국 씨앗의 발아 원리를 이용하여 어미 밀이 준비해 둔 아기 밀의 먹이를 인간의 음식으로 바꾼 것이다.

# 1-2

# 밀의 분류

밀에 대해 좀 더 알아보자. 밀은 몇 가지 기준에 따라 분류할 수 있다. 대표적인 분류기준으로 파종 시기, 색, 경도가 있다. 파종 시기에 따라 가을 파종(추파)밀과 봄 파종(춘파)밀로 구분한다. 가을 파종밀은 8~11월에 파종하여 이듬해 6~7월경에 수확한다. 가을에 파종한 밀은 발아하여 서리가 내리기 전까지 자란다. 일반적으로 잎이 서너 개날 때까지 자란다. 겨울 동안 휴면하고 이른 봄 기온이 올라가면 빠른속도로 다시 자라기 시작한다. 우리나라를 포함한 대부분 지역에서 가을 파종밀을 재배하고 있다. 가을 파종밀은 전 세계 밀 수확량의 약80%를 차지한다. 반면, 봄 파종밀은 이른 봄에 파종하여 늦여름에서초가을에 수확한다. 캐나다 등 겨울 강추위로 밀이 월동할 수 없는 고위도 지역에서 주로 봄 파종밀을 재배하고 있다. 일반적으로 봄 파종밀이 가을 파종밀에 비해 단백질 함량이 높다.

밀알의 색에 따라 붉은색의 적립계밀과 흰색의 백립계밀로 구분하기도 한다. 일반적으로 적립계밀은 경도가 높은 경질밀인 반면, 백립계밀은 연질밀일 가능성이 높다. 경도에 따라 단단한 경질밀과 무른 연질밀로 구분한다. 경도는 밀 알곡의 품질을 결정하는 가장 중요한 인자이다. 제분 수율, 밀가루 입자 크기, 손상 전분 등 제분 특성에 결정적인 영향을 미치며, 밀가루의 제빵 특성에도 영향을 준다. 경질밀은 연질밀에 비해 제분 수율[4]이 높다. 연질밀의 제분 수율이 경질밀보다 낮은 이유는 밀기울과 배유 사이의 결합력이 경질밀보다 강해 배유의 일부분이 밀기울과 함께 제거되기 때문이다. 경질밀은 연질밀에 비해 밀가루 입자가 굵고, 서로 뭉치는 정도가 덜하다. 밀이 단단할수록 제분 시 전분 결정이 깨지기 쉬워 손상 전분은 경질밀이 연질밀보다 많다.

경도가 밀알의 품질을 결정하는 요인이기에 경도를 결정하는 요인을 찾는 연구가 활발히 진행되었다[5]. 그린웰Greenwell과 쇼필드Schofield

---

4) 제분 수율은 밀 알곡을 제분해서 나오는 백밀가루의 비율이다. 밀 알곡 1kg을 제분하여 밀가루 800g을 얻었다면 제분 수율은 80%이다.

는 전분 입자를 둘러싸고 있는 friabilin(제분 시 연질밀이 경질밀에 비해 더 잘 부서진다는 의미로 명명됨)이라는 수용성 단백질이 밀의 경도에 영향을 준다는 사실을 발견했다[6]. friabilin은 분자량이 15kD인 저분자 단백질이다. friabilin 단백질은 밀의 5D 염색체 끝단에 있는 puroindoline A(pina)와 puroindoline B(pinb) 유전자의 유무에 의해 결정된다. pina와 pinb 유전자가 모두 발현되면 friabilin 단백질이 생성되어 연질밀이 된다. pina나 pinb 유전자가 돌연변이를 일으키면 경질밀이 되는데 이때 friabilin 단백질이 약하게 생성된다. pina와 pinb 유전자가 아예 없는 듀럼밀(듀럼밀은 4배체밀이기 때문에 D유전자 자체가 없다)은 경질밀로 friabilin 단백질이 생성되지 않는다. D유전자가 밀에 가져온 변화 중 하나가 밀 경도 저하이다. 보다 자세한 것은 제1부 1-3 절에서 소개한다. 듀럼밀은 파스타를 만드는데 사용하는 밀로 일반 밀보다 훨씬 단단하다. 정리하자면, 연질밀은 friabilin이라는 저분자 단백질이 전분 입자를 감싸고 있어 전분 입자들이 쉽게 분리되기 때문에 경도가 낮고, friabilin 단백질 함량이 낮은 경질밀이나 아예 없는 듀럼밀은 전분 입자들이 서로 강하게 결합하고 있어 경도가 높다고 요약할 수 있겠다.

유리질성 또한 밀의 경도에 영향을 준다. 밀알 단면이 투명한 유리질은 경질밀로, 불투명한 흰색인 분상질은 연질밀로 분류할 수 있다. 글루텐 단백질 함량이 높을수록 유리질성이 나타나며, 밀알의 경도는

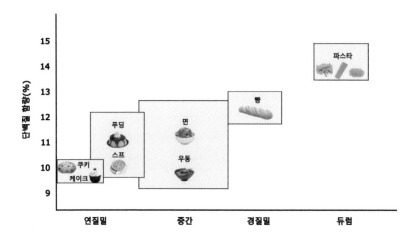

• [그림 5] 제과제빵 제품에 적합한 밀의 경도와 글루텐 함량[7] •

표 1. 미국의 밀 분류기준과 밀의 특성

| 분류 | 단백질 함량 | 글루텐 강도 | 흡수율 | 용도 |
|---|---|---|---|---|
| 경질적립추파밀<br>(hard red winter) | 높음 | 강함 | 높음 | 빵 |
| 연질적립추파밀<br>(soft red winter) | 낮음 | 약함 | 낮음 | 케이크, 쿠키, 페이스트리 |
| 경질적립춘파밀<br>(hard red spring) | 아주 높음 | 강함 | 높음 | 빵, 피자 |
| 경질백립<br>(hard white) | 높음 | 강함 | 높음 | 틀에 굽는 빵, 토르티야 |
| 연질백립<br>(soft white) | 낮음 | 약함 | 낮음 | 국수, 케이크, 페이스트리 |

증가한다. 따라서 경질밀을 제분하면 단백질 함량이 높은 강력분이 되고, 연질밀은 중력분이나 박력분이 될 가능성이 크다. 〈그림 5〉에 제과제빵 제품에 적합한 밀의 경도와 단백질 함량을 표시하였다.

미국, 캐나다, 호주에서 파종 시기, 색, 경도 등의 분류기준에 따라 밀을 분류한다. 미국의 밀 분류기준이 가장 전형적이다(표 1).

**[제빵 노트] 기후변화와 밀**

밀의 진화와 현대밀 육종에 따라 밀알은 계속 커졌다. 밀알의 크기는 밀알 1,000개의 무게인 천립중으로 평가한다. 메리 C. 멧칼프Merri C. Metcalfe 등의 연구에 따르면, 천립중은 1940년 31.5g에서 2000년 44.64g으로 60년 사이에 무려 41.7% 증가하였다[8]. 하지만 최근 고온과 가뭄 등 기후변화의 영향으로 밀알의 크기가 작아지고 있다. 밀이 고온과 가뭄으로 스트레스를 받으면 광합성 효율이 떨어져 녹말을 적게 만들고 그 결과 밀알이 작아진다. 미국 북서부의 워싱턴주와 오리건주에서 생산한 밀 시료 572개를 분석한 결과 2021년 천립중은 2020년에 비해 6.7g 감소하였다. 이는 2021년 여름 미국 전역에 나타난 폭염과 가뭄의 영향이다. 기후변화가 심해지며 폭염과 가뭄은 더 자주 더 강하게 나타날 것이고, 밀알 크기는 점점 작아질 것이 분명하다. 밀 또한 기후변화로부터 자유롭지 않다.

빵 한 덩어리의 온실가스 배출량은 얼마나 될까? 점점 더 심각해지고 있는 기후변화를 완화하기 위해 삶의 모든 부분에서 온실가스를 줄여야 한다. 음식도 예외일 수 없다. 온실가스를 줄이기 위해선 온실가스 배출량 분석이 선행되어야 하는데 배출량은 전과정평가를 통해 분석할 수 있다. 전과정평가는 밀 재배, 제분, 제빵, 운송, 폐기까지 빵 한 덩어리를 만들기 위해 거쳐 가는 모든 과정을 따라가며 각 과정에서 발생하는 온실가스양을 평가한다. 밀 재배, 제빵 등 과정이 나라마다 달라 빵 한 덩어리의 온실가스 배출량도 나라마다 다를 것이다. 우리나라에서 분석한 결과는 아직 없으니 다른 나라의 연구 결과를 소개한다. 스웨덴에서 1kg짜리 호밀빵 한 덩어리의 온실가스 배출량은 $0.37kgCO_2eq.$[9], 영국의 1kg짜리 식빵 한 덩어리는 $0.977 \sim 1.244kgCO_2eq.$를 배출한다. 리터당 12km를 가는 휘발유 승용차가 1km를 가는데 배출하는 온실가스양이 $0.18kgCO_2eq.$이니, 스웨덴 호밀빵 한 덩어리는 2km, 영국 식빵 한 덩어리는 $5.4 \sim 6.9km$ 가는데 배출하는 온실가스양과 같다.

한편, 밀농사를 통해 온실가스를 줄이고자 하는 시도가 이루어지고 있다. 대표적인 것이 다년생밀 컨자Kernza이다. 컨자는 미국에 있는 랜드연구소에서 육종한 다년생밀이다. 3m까지 자라는 엄청난 뿌리는 토양 내 탄소격리를 통한 온실가스 감축 방법으로 많은 이들의 기대를 한몸에 받고 있다. 아래 그림에 일년생 밀과 컨자의 뿌리를 비교하였다. 왼쪽이 일년생 밀이고 오른쪽이 컨자이다. 뿌리 바이오매스양에 엄청난 차이가 있다.

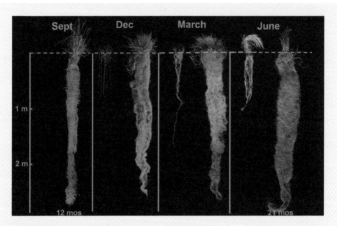

| 컨자의 뿌리(출처: 위키피디아) |

수확량이 일반 밀의 40% 수준이라 아직 갈 길이 멀다. 하지만 기후 위기가 심화함에 따라 더 심해질 것으로 예상하는 가뭄에 대한 저항성과 탄소격리 잠재력은 효과적인 기후 위기 해결책이 될 수 있을 것이다. 2023년 늦가을 고향 밭에 컨자를 심었다. 이미 손가락만큼 자랐고 지금은 월동에 들어갔다. 우리나라 기후에 잘 적응할지 지켜볼 일이다.

# 1-3

# 밀의 진화와 셀리악병

"머리부터 발끝까지 당신의 건강을 해치는 것은 바로 밀이다[10]." 심장 예방학 의사인 윌리엄 데이비스가 자신의 책 『밀가루 똥배』에 단부제이다. 비만과 셀리악병 유발, 중독성, 인슐린 저항성 초래, pH 교란, 노화 촉진, 심장병 유발, 뇌세포 파괴, 피부질환 유발, 저자의 주장대로라면 밀은 정말 만병의 근원이다. 책을 읽는 내내 한 가지 의문이 머릿속을 떠나지 않았다. 저자의 주장이 사실이라면 인류는 왜 밀을 버리지 않고 자그마치 만년이라는 긴 세월 동안 주식으로 먹었을까?

그의 다른 주장은 논외로 하고, 글루텐 단백질과 관련된 주장만 따져 보자. 저자는 글리아딘이 셀리악병의 원인이라 지목하고 제빵성 향상을 목표로 육종된 현대밀이 셀리악병의 원흉이라고 주장한다. 그의 주장이 사실인지 따져 보기 전에 우선 고대밀, 토종밀, 현대밀이 무엇인지 알아보자.

고대밀은 10,000년 전 인류가 밀 농사를 시작했을 때부터 재배한 밀이다(그림 6). 약 8,000년 이전부터 존재한 밀을 고대밀이라 한다. 외알밀, 엠머, 코라산, 스펠트가 고대밀에 해당한다. 토종밀은 농부들이 대대로 씨앗을 받아 농사지은 밀이다. 토종밀은 한 지역의 기후에 적응한 품종을 일컫는다. 30년간 평균한 날씨를 기후라고 하며, 한 지역에서 30년 이상 씨앗을 이어받아 재배한 것을 토종이라고 본다. 즉, 한 지역의 기후에 적응한 밀을 토종밀이라고 부르는 것이다. 4종뿐인 고대밀과 달리 토종밀은 품종이 다양하다. 우리나라 토종밀로는 토종키작은밀[5], 참밀 등이 있다. 수확한 토종밀을 이듬해에 다시 심으면 심은 것과 같은 밀이 나온다. 현대밀은 특정 품질 목표를 위해 인위적으로 육종[6]한 밀이다. 육종밀이라고도 부른다. 육종으로 인한 밀의 변화 중 가장 눈에 띄는 것은 밀의 키이다. 밀의 키는 육종 전

---

5) 오랫동안 앉은뱅이밀로 불리던 밀이다. 키가 작기 때문에 앉은뱅이밀이라 불렸다. 최근 앉은키밀로 공식 명칭이 바뀌었다. 키가 작다는 특징을 유지하면서도 특정인에 대한 비하의 의미를 없애기 위한 개명이지만 새 이름에 항상 아쉬움이 있다. 이 책에서는 토종키작은밀이라 부를 것이다.

6) 육종은 품종 A의 꽃가루를 B의 암술에 묻히는 식으로 수정시켜 두 품종의 유전형질을 갖는 새로운 품종을 만드는 방법이다. 멘델의 완두콩 실험이 대표적인 육종의 사례다. 밀은 꽃이 밖으로 노출되어 있지 않기 때문에 육종이 까다롭다.

빵맛의 비밀

| 12,400BC | 8,000BC | 6,000BC | 1950년대 | 1990년대 |
|---|---|---|---|---|
| 최초의 빵 | 밀 재배 시작 | 6배체밀 등장 | 현대밀 육종 | 고대밀, 토종밀의 부활 |

• [그림 6] 밀의 연대기 •

160~180cm에서 60~80cm로 아주 작아졌다. 〈그림 6〉의 가장 오른쪽에 있는 사진에서 육종 전후 밀의 키 변화를 확인할 수 있다. 왼쪽은 육종 전의 밀이고 오른쪽이 육종 후의 밀이다. 예전엔 육종을 통해 새 품종을 개발했지만, 최근엔 유전자 편집이라는 분자생물학 기술이 신품종 개발에 널리 사용된다. 미국에서 1950년대부터 육종이 본격적으로 이루어졌기에 1950년대 이후 나온 밀을 현대밀이라고 한다. 유럽에서는 밀 육종 시작 시기가 미국보다 좀 늦다. 1960년대 이후 재배하기 시작한 밀을 현대밀이라 한다. 고대밀이나 토종밀과 달리 수확한 현대밀을 이듬해에 심으면 심은 것과 다른 밀이 나온다. 따라서, 현대밀 농사를 짓는 농부는 종자회사로부터 매년 밀 종자를 사야 한다.

육종밀과 셀리악병 발병 사이의 인과관계를 분석하기 위해 한 가지 더 알아볼 것이 있다. 바로 밀의 진화다. 밀은 2배체에서 4배체로,

4배체에서 다시 6배체로 진화하였다(그림 7). 2배체밀은 두 세트의 염색체(AA)로 이루어진 밀이다. 부모로부터 각각 한 세트의 염색체를 물려받는다. 인간이 대표적인 2배체 생물이다. 외알밀이 유일한 2배체 밀이다. 외알밀은 A 염색체를 가지고 있다. 4배체밀은 외알밀과 야생 그라스Ae. speltoides의 교잡으로 탄생한 밀로 네 세트의 염색체(AABB)로 이루어져 있다. A염색체와 B염색체를 가지고 있다. 엠머, 코라산[7], 그리고 파스타 재료인 듀럼밀이 대표적인 4배체밀이다. 6배체밀은 4배체인 엠머와 2배체인 야생 염소풀Ae. tauschii의 교잡으로 탄생했고, 6세트의 염색체(AABBDD)로 이루어져 있다. A, B, D염색체를 가지고 있다. 스펠트와 빵밀이 6배체밀이다. 우리가 일상적으로 먹고 있는 국수, 빵, 과자는 모두 6배체밀로 만든다고 보면 된다. 빵밀과 스펠트는 서로 변종이다. 빵밀이 스펠트의 돌연변이일 수도 있고, 빵밀이 돌연변이를 일으켜 스펠트가 되었을 수도 있다.

밀의 진화는 농사를 짓는 인간의 종자선택에 의한 결과이다. 따라서 진화의 지향점이 분명하다. 하나는 내탈립성이고, 다른 하나는 수확량 증대이다. 탈립이란 여문 씨앗이 이삭에서 떨어져 나가는 현상이다. 익은 씨앗이 이삭에서 떨어져 나가는 것은 아주 자연스러운 현

---

7) 코라산 Khorasan 밀은 2차 세계대전 중 이집트 파라오 투탕카멘의 무덤에서 발견되어 투탕카멘왕의 밀이라고도 부른다. 미군 조종사가 미국으로 종자를 들고 가 재배를 시작하였고 카무트 Kamut라는 상표명으로 상업화하였다. 알곡 크기가 일반 밀의 2~3배이다.

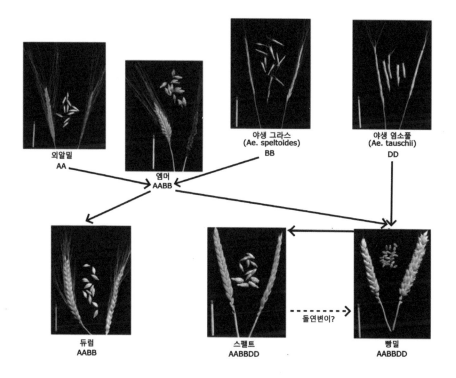

야생 그라스
(Ae. speltoides)
BB

야생 염소풀
(Ae. tauschii)
DD

외알밀
AA

엠머
AABB

듀럼
AABB

스펠트
AABBDD

돌연변이?

빵밀
AABBDD

· [그림 7] 밀의 진화[11] ·

상이다. 씨앗은 흙에 닿아야 싹이 터 새로운 개체가 될 수 있다.

여문 씨앗이 이삭에서 떨어져 나가는 이유가 여기에 있다. 하지만 농부에게 탈립성은 골치 아픈 특성이다. 밀 이삭에 있는 밀알은 한꺼번에 익지 않고 아래에서부터 차례로 익는다. 탈립성이 있는 밀은 이삭 윗부분의 밀알이 다 익을 때쯤이면 아래쪽에 있는 밀알은 이미 이삭에서 떨어져 나간다.

문제는 이삭을 통째로 자르는 밀 수확 방식에 있다. 이삭이 다 익기를 기다리자니 아래쪽에 있는 건 떨어져 나가고, 아래쪽에 있는 밀알이 여물 때 수확하면 이삭 윗부분은 아직 속이 차지 않은 쭉정이 상태이다. 이러나저러나 수확량은 줄어들기 마련이다. 인류가 밀 농사를 수천 년 짓는 동안 이삭에서 떨어져 나가지 않는 밀 돌연변이가 생겼을 것이고 눈썰미 좋은 농부는 그 씨앗을 갈무리하였다가 이듬해 심었을 것이다. 그런 실험을 반복한 끝에 밀알이 익어도 이삭에서 떨어져 나가지 않는 내탈립성 밀이 탈립성 밀을 밀어내고 밀 농사의 주 품종으로 자리 잡았다.

두 번째 지향점은 수확량 늘리기이다. 수확량을 늘리는 방법은 두 가지가 있다. 이삭 하나에 달리는 밀알 수를 늘리던가, 밀알 자체의 크기를 크게 하던가. 밀이 2배체에서 6배체로 진화함에 따라 이삭 당 밀알의 수도 늘었고, 밀알도 커졌다. 일반적으로 다배수체 식물은 저배수체 개체보다 유전자의 발현량이 더 많기에 더 큰 알곡을 더 많이 맺는다. 〈그림 8〉은 다양한 밀의 알곡이다. 2배체인 외알밀이 크기가 가장 작고, 4배체인 엠머는 중간, 6배체인 스펠트와 빵밀은 크기가 가장 크다. 4배체인 코라산이 모든 밀 중에서 크기가 가장 큰 건 예외적이다.

| 외알밀 | 엠머 | 코라산 | 스펠트 | 토종키작은밀 | 금강밀 |

• [그림 8] 진화에 따른 밀알 크기 변화 •

　　　　　　　　　　　　　　　　　　　　　　빵맛의 비밀

# [제빵 노트] 셀리악병이란?

셀리악병엔 아주 오랜 역사가 있다. 결코 최근에 생긴 병이 아니다. 셀리악병에 대한 최초의 기록은 고대 그리스 문헌에서 발견되었다. 1세기 그리스 의사 아레테우스Aretaeus of Cappadocia가 최초로 셀리악병과 유사한 증상을 기록하였다. 위장이 음식을 받아들일 수 없고, 먹은 음식이 소화되지 않은 채 배출되는 증상을 발견하고, 이를 koiliakos라고 명명하였다. koiliakos는 복부라는 뜻을 가진 koelia에서 유래하였다. 셀리악병(celiac disease)이라는 병명은 그의 명명법을 따른 것이다. 셀리악병의 증상은 아주 오래전부터 알려졌지만, 병의 원인이 밝혀진 건 최근의 일이다. 1940년대 이 병이 밀과 관련이 있을 것이라는 주장이 제기되었고, 1952년에 이르러서야 비로소 글루텐이 셀리악병의 원인이라는 사실이 밝혀졌다.

셀리악병은 글루텐으로 인한 자가면역질환이다. 글루텐은 소장에서 완전히 분해되지 않고 9개의 아미노산으로 이루어진 작은 펩타이드로 남는다. 이 펩타이드는 소장 세포벽을 통과한 후 CD4+T 세포와 결합, 면역시스템을 활성화하여 항체를 생성한다. 항체는 소장의 상피 세포를 공격하여 소장의 기능 장애를 일으킨다. 소장의 표면을 덮고 있는 융모를 손상한다고 알려져 있다. 손상된 소장은 영양분 흡수능력이 떨어진다. 셀리악병은 설사, 피로, 체중감소, 더부룩함, 복부 통증, 구토, 변비 등의 증상을 불러온다. 미국 인구의 30% 정도가 셀리악병 발현 유전자를 가지고 있으나, 실제 발병률은 1% 정도이다. 전 세계 인구의 0.5~2%가 셀리악병 환자이다. 동양인은 셀리악병 발현 유전자를 가지고 있는 사례가 극히 드물다고 알려져 있다. 국내에서 보고된 발병사례는 거의 없다.

밀의 글루텐 형성 단백질 중 α−글리아딘, ω−글리아딘이 셀리악병 유발 물질로 밝혀졌다[13]. 특히 α−글리아딘 펩타이드는 면역반응 유발 효과가 커 셀리악병의 면역반응 표지자[8]로 활용된다. 글리아딘 이외에 ATI(Amylase Trypsin Inhibitor)[9] 단백질도 셀리악병을 유발하는 것으로 알려져 있다. 셀리악병 환자가 하루 최대 10~100mg의 글루텐을 섭취해도 된다고 알려져 있지만, 의사들은 글루텐을 섭취하지 말라고 권고하고 있다.

글루텐은 셀리악병 이외에도 알레르기, 천식, 아토피, 두드러기, 아나필락시스 등의 증상을 유발하기도 한다. 글루텐 불내증이라 통칭하는 이들 증상을 종종 셀리악병으로 오인하기도 한다. 하지만, 글루텐 불내증은 셀리악병과 달리 자가면역질환은 아니다.

---

8) 면역반응 표지자는 생체 내에서 특정 세포, 조직, 또는 생물 분자가 존재하는지를 파악하기 위해 사용되는 화학물질이다.

9) ATI는 아밀라아제와 트립신 활성을 억제하는 단백질이다. 밀 단백질의 2~4%를 차지한다. 벌레나 균으로부터 밀 알곡을 보호하는 역할을 한다.

빵맛의 비밀

현대밀이 셀리악병의 원흉이라는 윌리엄 데이비스 박사의 주장을 짚어보자. 박사의 주장은 밀 육종에 따른 단백질의 변화를 염두에 둔 것이다. 밀의 진화에 따른 단백질의 변화는 셀리악병이나 글루텐 불내증뿐만 아니라 밀의 제빵성과도 관련이 있기에 자세히 들여다볼 필요가 있다. 데이비스 박사는 현대밀은 제빵성 향상을 목적으로 육종되었기 때문에 밀 단백질 특히, 셀리악병을 유발하는 글리아딘의 함량이 늘었고 이에 따라 셀리악병 발병률이 증가했다고 주장한다. 하지만 그의 주장을 뒷받침할만한 근거는 없다. 오히려 밀 육종에 따라 단백질의 함량이 감소했고, 셀리악병의 원인 물질인 글리아딘 함량도 같이 감소했다. 우선 글루텐 단백질 함량을 살펴보자.

〈그림 22(B)〉이다(103쪽). 글루텐 단백질 함량은 현대밀인 빵밀이 가장 낮다. 오히려 외알밀, 엠머, 스펠트 등 고대밀의 글루텐 단백질 함량이 빵밀보다 높다. 육종 결과 글루텐 단백질 함량이 늘어난 게 아니라 오히려 줄었다. 그럼 셀리악병을 유발하는 글리아딘 함량은 어떻게 변했을까? 글리아딘/글루테닌의 비를 표시한 〈그림 24(A)〉를 살펴보자(107쪽). 빵밀의 글리아딘/글루테닌 비가 모든 밀 가운데 가장 낮다. 빵밀은 글루텐 단백질 함량이 가장 낮고 글리아딘/글루테닌 비도 가장 낮다. 즉, 셀리악병 유발물질인 글리아딘 함량이 분석된 밀 가운데 가장 낮다. 현대밀이 셀리악병의 원흉이라는 데이비스 박사의 주장은 틀렸다. 셀리악병은 밀 육종과는 무관하다.

셀리악병과 관련하여 한마디 덧붙이자면, 고대밀과 토종밀도 현대밀과 마찬가지로 셀리악병으로부터 자유롭지 못하다. 고대밀과 토종밀이 현대밀보다 여러모로 우수하다며 최근 고대밀과 토종밀의 인기가 높아지고 있지만, 고대밀도 토종밀도 셀리악병을 유발할 수 있다는 점을 잊지 말아야 한다.

현대밀 육종의 목적은 수확량 증대와 제빵성 향상이다. 수확량 증대는 밀알을 크게 하는 것이다. 앞서 살펴본 밀 진화 방향의 연장선 위에 있다. 하지만 제빵성 향상은 현대밀에만 해당하는 새로운 목표이다. 빵이 밀 수요처의 대부분이기에 밀과 밀가루의 품질 향상에 직접적인 영향을 주는 제빵성 향상을 목표로 하는 건 너무도 당연한 결과였다. 빵이 빵빵하게 잘 부푸는 것이 제빵성의 측정 지표이다. 제빵성은 글루테닌 중에서도 고분자량 글루테닌양에 직접적인 영향을 받는다. 자세한 건 제1부 2-9절에서 다루었다. 육종은 성공적이어서 고분자량 글루테닌이 현저히 증가했다. 〈그림 24(B)〉에서 보는 바와 같이, 빵밀의 고분자량 글루테닌 비율이 가장 높다.

스펠트와 빵밀을 탄생시킨 D유전자로 인한 밀의 변화로 밀의 진화에 관한 이야기를 마무리하려 한다. 야생 염소풀이 밀에 전해준 D유전자가 가져온 변화는 실로 엄청나다. 가장 큰 변화는 다름 아닌 제빵성의 현저한 향상이다. 오죽하면 D유전자가 새로 탄생시킨 밀을 빵밀이라고까지 부르겠는가? D유전자가 밀에 들어옴으로써 밀의 단백질 함량과 글루텐 단백질 함량은 D유전자가 없는 2배체나 4배체밀에 비해 현저히 줄었다. 하지만 고분자량 글루테닌 함량이 증가함에 따라 제빵성은 현저히 높아졌다.

D유전자가 가져온 또 다른 변화는 밀알 경도의 감소이다. 6배체밀은 2배체밀이나 4배체밀보다 훨씬 더 무르다. 프랑스어로 6배체밀을 연질밀blé tendre, 4배체밀과 2배체밀을 경질밀blé dur이라고 부른다. 6배체밀의 경도 감소는 단백질 함량의 감소가 그 원인이다. 밀알의 뼈대인 단백질이 줄었으니 뼈대가 줄었고 그에 따라 구조의 강도가 줄어 연질밀이 되었다. 더 자세한 것은 제1부 2-10절을 참조하면 된다.

# 2장

# 전분과 글루텐이
# 빵을 결정한다

밀가루에 따라 제빵 특성이 다르다. 제빵 특성은 빵을 제대로 만들기 위해 제빵의 각 단계에서 필요한 반죽의 특성이다. 치대기 단계에선 반죽의 강도가 주요한 제빵 특성일 것이고, 발효 단계에선 발효속도, 반죽의 강도와 신장성이 중요한 제빵 특성일 것이다. 밀가루의 제빵 특성은 주로 전분과 글루텐 단백질의 영향을 받는다.

# 2-1
# 전분

　밀가루의 제빵 특성을 논할 때 관심은 온통 글루텐 단백질에만 쏠린다. 하지만 밀가루의 80% 이상을 차지하는 전분을 빼놓고는 밀가루의 제빵 특성을 제대로 설명할 수 없다. 전분은 반죽의 수분율, 가공성, 발효속도에 큰 영향을 준다. 빵 속살의 구조, 빵의 풍미에도 영향을 주며, 특히 빵의 노화엔 절대적인 영향을 끼친다.

　전분은 밀이 광합성을 통해 합성한 탄수화물로, 많은 수의 포도당 분자가 서로 연결된 고분자 화합물이다. 포도당 분자의 결합 구조에 따라 아밀로스와 아밀로펙틴으로 나뉜다. 아밀로스는 수천 개의 포도당으로 이루어져 있고, 아밀로펙틴은 1만 개 이상의 포도당 분자로 이루어져 있다. 아밀로스는 구조가 단순하다. 포도당 분자가 나선형 선

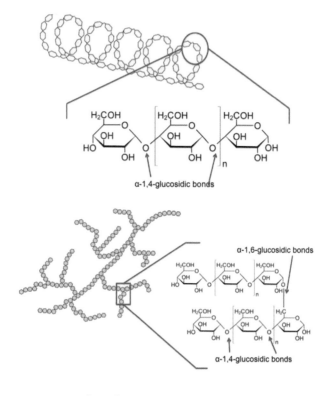

• [그림 9] 아밀로스(위)와 아밀로펙틴(아래) •

모양으로 연결되어 있다. 반면, 아밀로펙틴의 분자 구조는 좀 복잡하다. 포도당 분자들이 여러 개의 가지 형태로 연결되어 있다. 아밀로펙틴의 분자 크기가 아밀로스보다 크다. 〈그림 9〉는 아밀로스와 아밀로펙틴의 구조이다. 육각형 하나가 한 개의 포도당 분자이다. 포도당은 6개의 탄소[10]로 이루어져 있기에 포도당 분자를 육각형으로 표현한다.

---

10 포도당을 육탄당이라고 한다. 당분은 육탄당 이외에 오탄당도 있다. 뒤에서 다룰 펜토산이 대표적인 오탄당이다.

당은 지구상의 모든 생명체가 생명 유지 활동에 소비하는 에너지원이다. 사람도 생명을 유지하기 위해선 당이 필요하다. 식사를 할 수 없는 환자에게 수액으로 공급하는 것 중 하나가 가장 기본적인 당인 포도당이다. 빵 반죽을 발효시키는 효모나 유산균도 당분을 에너지원으로 한다. 당은 그 크기에 따라 단순당과 복합당으로 구분한다. 전분을 구성하는 기본 단위인 포도당은 단순당이다. 하나의 당 분자로 되어있어 단당이라고도 한다. 아밀로스와 아밀로펙틴은 다수의 포도당으로 이루어져 있는 복합당이다.

복합당은 효모나 유산균이 바로 먹이로 삼기에는 크기가 너무 크다. 먹이로 삼으려면 단순당으로 쪼개야 한다. 효소가 나서야 할 때이다. 아밀라아제라는 전분 분해 효소가 그 역할을 맡는다. 밀 알곡의 호분층에 있는 아밀라아제는 제분 과정에서 밀가루에 섞여 들어간다. 아밀라아제는 마치 가위처럼 아밀로스와 아밀로펙틴을 포도당이나 맥아당으로 싹둑 자른다. 줄줄이 연결된 비엔나소시지를 가위로 하나나 두 개씩 자르는 걸 연상하면 이해가 쉽다. 포도당은 포도당 분자 하나이고, 맥아당은 포도당 두 개로 이루어져 있다. 전자를 단당류, 후자를 이당류라고 부른다. 효모와 유산균은 포도당이나 맥아당을 먹고 증식한다.

아밀라아제의 양은 빵 반죽의 발효속도를 결정한다. 아밀라아제는 물과 만나는 즉시 전분을 분해하기 시작한다. 빵 반죽을 위해 밀가루에 물을 넣자마자 효모나 유산균의 먹이를 만들어 내는 것이다. 아밀라아제의 전분 분해 속도가 높을수록 먹이가 더 풍부해지고 효모나 유산균은 빠르게 그 수가 불어난다. 이에 따라 반죽은 빠르게 발효된다. 반죽의 발효속도는 반죽에 있는 효모나 유산균의 먹이 즉 포도당과 맥아당의 양에 직접적인 영향을 받는다. 포도당과 맥아당의 양은 효소의 양과 효소가 분해할 재료인 전분의 양이 결정한다. 밀가루의 80% 이상이 전분이니 재료는 충분하다. 따라서 반죽의 발효속도는 아밀라아제의 양이 좌우한다. 하지만 한 가지 문제가 있다. 아밀로스와 아밀로펙틴은 〈그림 10〉과 같이 단단한 결정 안에 갇혀있어, 아무리 강력한 분해력을 가지고 있는 효소라 해도 아밀로스와 아밀로펙틴에 접근할 수 없다는 점이다. 당연히 효소가 이들을 분해할 수도 없다. 손상 전분이 중요한 이유가 바로 여기에 있다.

밀 알곡은 제분하는 동안 회전하는 롤러나 맷돌에 의해 부서져 가루가 된다. 그 과정에서 일부 전분 결정이 깨지거나 쪼개진다. 제분 과정에서 깨지거나 쪼개진 전분을 손상 전분이라 한다. 〈그림 11〉의 가운데에 있는 것이 손상 전분이다. 구멍 아래로 내부가 보인다. 그 주위에 손상되지 않은 온전한 형태의 전분이 있다. 제빵용 밀가루의 이상적인 손상 전분 비율은 15~18%이다. 나머지 82~85%는 온전한 형태의 정상 전분이다. 손상 전분의 양은 제분 시 밀 알곡에 가해지는 힘의 세기와 밀알의 경도에 영향을 받는다. 밀알에 가해지는 힘이 강

아밀로스

아밀로펙틴

• [그림 10] 전분 결정의 구조[14] •

할수록, 밀알이 단단할수록 손상 전분은 늘어난다. 일반적으로 맷돌로 제분한 밀가루의 손상 전분 비율이 롤러로 제분한 밀가루에 비해 높은데 이는 맷돌 제분 시 밀알에 가해지는 힘이 더 크기 때문이다. 롤러 제분도 맷돌 제분처럼 한꺼번에 가루를 낼 수 있음에도 불구하고 제분 공정을 여러 단계로 나눈다. 밀알에 가해지는 힘을 조절하여 과도한 손상 전분의 발생을 방지하기 위함이다. 또한, 같은 제분 조건이라면 경질밀의 손상 전분 비율이 연질밀보다 높다. 손상 전분의 양은 전분 결정과 단백질의 결합 강도에 영향을 받는다. 경질밀은 전분과 단백질 사이의 결합 강도가 세기 때문에 제분 시 전분 결정이 깨지

• [그림 11] 손상 전분과 정상 전분[15] •

기 쉽다. 따라서 손상 전분이 더 많이 생긴다. 연질밀은 결합 강도가
약해서 제분 시 전분 결정과 단백질이 분리되어 손상 전분이 적게 발
생한다.

　손상 전분은 밀가루의 제빵 특성에 영향을 준다. 손상 전분에서는
아밀로스와 아밀로펙틴이 노출되어 아밀라아제가 접근할 수 있다. 아
밀라아제가 아밀로스와 아밀로펙틴을 미생물이 먹을 수 있는 형태로
분해함으로써 발효속도를 높인다. 또한, 손상 전분은 반죽의 수분율
을 높인다. 정상 전분은 자기 무게의 30~40%의 물을 흡수할 수 있다.
반면, 손상 전분은 자기 무게의 4배에 달하는 물을 흡수할 수 있다. 손
상 전분의 흡수율이 정상 전분의 10배인 셈이다. 손상 전분은 최근 제
빵사들의 주요 관심사 중 하나인 빵 반죽의 수분율 높이기에 큰 도움

을 줄 수 있다. 하지만 손상 전분의 높은 흡수율은 반죽을 끈적하게 하여 반죽 다루기가 어렵고, 빠른 호화로 오븐 스프링을 방해하여 빵 부피를 작아지게 하는 등 제빵 특성에 부정적인 영향을 주기도 한다.

# 2-2

# 전분 호화와 오븐 스프링

전분은 반죽이 빵으로 구워지는 과정에 큰 영향을 준다. 그 중심에 전분의 호화 현상이 있다. 호화란 전분 결정이 깨져 결정 내부에 실처럼 뭉쳐있던 전분 분자가 풀어지면서 푸딩처럼 굳는 현상이다. 전분이 호화되려면 물과 열이 필요하다. 물과 섞인 전분은 물을 흡수하여 부풀기 시작한다. 열을 가하면 전분 결정이 부푸는 속도가 빨라진다. 온도가 40℃에 이르면 물을 흡수하여 부푼 전분 결정이 터지기 시작한다. 터진 전분 결정은 더 많은 물을 흡수하여 더 빠르게 팽창한다. 온도가 51~60℃에 이르면 터진 결정에서 아밀로스 분자가 쏟아져 나오고 이에 따라 호화가 시작된다.

전분이 호화되면서 반죽의 점도[11]가 증가한다. 점도는 온도 증가에 따라 빠르게 증가하여 호화 온도에서 최고치에 이른다. 밀가루에 물을 넣고 가열하면서 풀을 쑤거나 익반죽을 만들다 보면 점도가 서서히 증가하다가 어느 순간 갑자기 반죽을 젓기가 어려워진다. 이 순간이 바로 점도가 최고치에 도달한 시점이다. 밀의 호화 온도는 72℃이다(그림 12). 호화 온도는 밀 품종, 손상 전분의 양, 반죽에 넣은 유지 유무에 따라 달라진다. 호화 온도 이상으로 온도가 올라가면 전분은 빠르게 굳는다.

호화는 전분이라는 고분자 물질의 상변화이다. 즉, 액체가 고체로 상이 변하는 현상이다. 고분자가 열을 받으면 어느 순간 상변화 현상이 발생한다. 상이 변하는 온도를 상변화 온도라고 한다. 전분에서는 상변화 온도가 바로 호화 온도이다. 전분의 호화 온도는 시차주사열량법Differential Scanning Calorimetry(DSC)으로 분석할 수 있다. 밀가루와 물을 섞은 반죽에 온도를 가하며 흡열 열흐름을 측정하는 방법이다. 분석 결과는 〈그림 13〉과 같다. 온도를 올리면 특정 온도에서 흡열 열흐름이 갑자기 증가한다. 흡열 열흐름이 최댓값인 온도를 호화 온도($T_p$)라고 보지만, 전분의 호화는 호화 온도에 도달하기 전인 $T_0$에서 시

---

11) 점도(viscosity)란 변형에 대한 액체의 저항력이다. 점도가 높은 액체는 잘 흐르지 않는다. 벌꿀은 점도가 높고 물은 점도가 낮다.

빵맛의 비밀

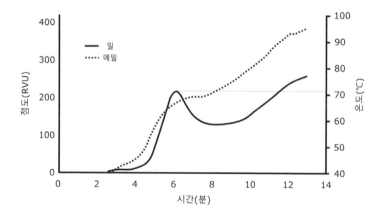

• [그림 12] 전분 호화 온도와 점도 •

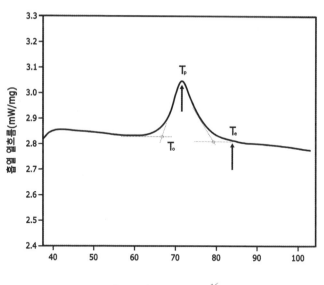

• [그림 13] 전분 호화 온도[16] •

작되어, 호화 온도보다 높은 $T_e$에서 끝난다.

전분의 호화는 빵 크기에 영향을 준다. 고온의 오븐에서 빵 반죽 내부의 온도가 올라가면서 반죽 속에 갇힌 이산화탄소가 팽창하여 반죽을 부풀어 오르게 한다. 이를 오븐 스프링이라 한다. 반죽 내부 온도가 40℃에 이르면 오븐 스프링이 시작되며, 온도가 올라감에 따라 반죽의 물속에 녹아 있던 이산화탄소가 기화하면서 빵은 더 팽창한다. 뒤이어 물이 수증기로 바뀌면서 반죽을 부풀리는 힘이 배가된다. 액체가 기체로 변하면 그 부피가 수십 배로 커지기 때문이다. 이산화탄소와 수증기의 팽창은 온도가 올라갈수록 더 맹렬해진다. 이대로라면 빵 반죽은 반죽의 탄성이 견딜 수 있는 정도까지 최대한 부풀고 한계를 넘는 순간 풍선 터지듯 뻥 터질 것이다.

하지만 빵 반죽은 그렇게 커지지 못한다. 전분 호화가 오븐 스프링을 제한하기 때문이다. 빵 반죽 내부 온도가 51~60℃에 이르면 전분의 호화가 시작된다. 전분이 호화되면 점도가 높아져 반죽이 부푸는 것을 제한한다[12]. 잘 구운 사워도우빵의 단면을 떠올려 보자. 숭숭 뚫린 크고 작은 기공이 보이고 기공 사이로 투명한 벽이 있다. 이 벽

---

12) 물과 꿀에 빨대를 꽂고 공기를 불어 넣어 보자. 물에는 공기가 잘 들어가고 들어간 공기로 물 표면은 부풀었다 꺼지기를 반복한다. 반면, 꿀에 공기를 불어 넣어 부풀리려면 상당한 힘을 주고 불어야 한다. 점도는 변형에 대한 저항력임을 상기하자.

의 일부가 호화전분이다. 호화전분이 이런 벽체를 형성하기 시작하면 빵 반죽은 더 커지지 않고 오븐 스프링이 멈춘다. 호화 온도가 낮을수록, 호화 속도가 빠를수록 호화가 빨리 진행되어 점도가 빠르게 높아진다. 그 결과 빵의 부피는 작아진다. 빵 반죽이 충분히 부풀기 전에 기공 벽이 형성되어 반죽이 부푸는 것을 제한하기 때문이다. 손상 전분은 정상 전분보다 호화 온도가 낮고 호화 속도는 더 빠르다. 따라서 손상 전분이 많을수록 빵의 부피가 작아진다.

전분 호화 온도가 높을수록 오븐 스프링이 많이 일어나 빵이 더 부푼다. 〈그림 14〉에 전분 호화가 오븐 스프링에 미치는 영향을 도식화하였다. (A)는 일반적인 빵 반죽으로 온도가 올라감에 따라 빵 반죽이 부풀다가 72℃에서 전분이 호화되며 오븐 스프링이 멈춘다. 반죽이 더는 부풀지 않으므로 이때 빵 부피가 최대가 된다. (B)는 손상 전분이 많은 반죽이다. 손상 전분은 물을 더 빨리 흡수하여 더 낮은 온도에서 호화가 시작된다. 호화 온도가 낮으므로 반죽의 점도가 빨리 높아진다. 반죽이 충분히 부풀기 전에 점도가 높아져 반죽의 팽창을 제한하기 때문에 오븐 스프링이 적게 일어난다. 손상 전분이 많은 반죽으로 구운 빵의 크기가 작은 이유이다.

(C)는 버터 등 유지가 들어간 반죽이다. 호화 온도는 일반 반죽보다 약간 높으며 이에 따라 오븐 스프링은 좀 더 긴 시간 동안 지속한다.

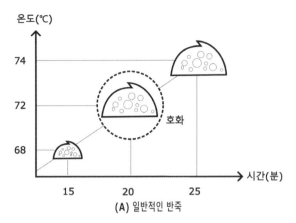

(A) 일반적인 반죽

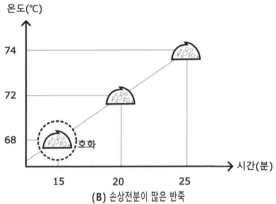

(B) 손상전분이 많은 반죽

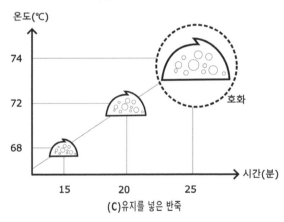

(C)유지를 넣은 반죽

· [그림 14] 전분 호화와 오븐 스프링[17] ·

빵맛의 비밀

그 결과 빵 부피가 더 커진다. 전분 결정 표면을 코팅한 유지가 전분이 물을 흡수하여 팽창하는 걸 방해하여 전분의 호화가 지연되기 때문이다. 반죽의 팽창에 대한 저항성, 즉 점도가 반죽의 팽창을 제한하는 수준에 이르는 시점도 늦춰져 오븐 스프링이 더 오래 지속되므로 빵 부피도 더 커진다. 파네토네 등 유지가 많이 들어간 반죽이 크게 부푸는 이유이다.

오븐 스프링에 의한 빵의 크기는 전분의 호화에만 전적으로 영향을 받는 건 아니다. 글루텐의 특성, 밀기울의 양, 유지의 양, 충전물의 양 등 많은 요인이 오븐 스프링에 영향을 준다. 이중 글루텐의 영향은 나중에 자세히 다룰 것이다.

전분의 호화는 빵이 부풀지 못하고 주저앉는 결과를 가져오기도 한다. 잘 부풀어야 하는 빵에는 치명적인 이 현상의 원인은 전분 공격 starch attack이다. 전분 공격은 말 그대로 아밀라아제가 전분을 공격한다는 뜻이다. 앞서 반죽이 발효되는 동안 아밀라아제가 손상 전분에 있는 아밀로스와 아밀로펙틴만을 분해한다고 했다. 정상 전분은 아밀로스와 아밀로펙틴이 단단한 결정 안에 치밀하게 채워져 있기에 아밀라아제 효소의 접근이 불가능하다. 하지만 전분이 호화되면 전분 결정이 깨지고 결정 안에 실타래처럼 뭉쳐있던 전분 분자들이 풀어지면서 아밀라아제가 접근할 수 있게 된다. 〈그림 15〉와 같이 반죽 내부의 온도가 올라가면 아밀라아제의 활성도 같이 높아져 70℃ 부근에서 활성이 최대가 된 후 80℃에서 활성을 잃는다. 공교롭게도 아밀라아제의 최대 활성 온도가 전분 호화 온도와 겹친다. 따라서 호화된 전분은 아밀라아제에 의해 맹렬하게 분해된다.

빵이 구워지는 동안 호화된 전분은 아주 중요한 두 가지 임무를 수행한다. 하나는 높은 점성으로 이산화탄소를 반죽 안에 가두어 반죽이 팽창할 수 있도록 한다. 다른 하나는 겔처럼 굳어 빵 내부의 기공과 기공 사이에 벽을 형성한다. 이렇게 형성된 벽은 속살 구조를 만들어 봉긋한 빵 모양을 유지한다. 하지만 아밀라아제에 분해된 전분은 벽을 만들지 못하니 이산화탄소의 팽창으로 한껏 부푼 반죽은 지탱해 줄 구조가 없어 힘없이 주저앉고 만다.

호밀빵과 글루텐 프리 빵에서 전분 공격은 치명적이다. 호밀은 글루텐 단백질이 있지만, 탄력 있는 글루텐 구조를 형성하지 못한다. 따라서 빵 속살 구조 형성에 전분의 역할이 절대적이다. 글루텐이 없는 글루텐 프리 빵은 특히 더 그렇다. 게다가 호밀은 밀보다 아밀라아제가 훨씬 더 많아서 전분 공격이 더 심하게 발생할 수 있다. 밀로 만든 빵은 전분 공격 현상이 발생하더라도 글루텐 구조가 있으므로 빵이 완전히 주저앉지는 않는다. 하지만 글루텐 구조를 형성하지 못하는 호밀빵이나 글루텐이 아예 없는 글루텐 프리 빵은 전분 공격이 발생

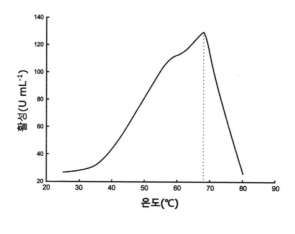

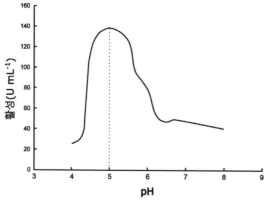

· [그림 15] 온도, pH와 아밀라아제 활성 ·

하면 빵 형태가 아예 만들어지지 않는다. 〈그림 16〉은 글루텐 프리 빵에서 발생한 전분 공격의 결과를 보여준다. 쌀가루만 사용하여 구운 빵이다. 오븐에서 2시간이 넘게 구웠음에도 불구하고 크러스트만 형성되고 내부는 풀처럼 되어 끝내 속살 구조가 만들어지지 않았다.

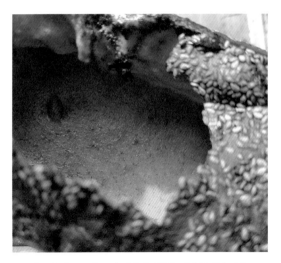

• [그림 16] 글루텐 프리 빵에서 발생한 전분 공격의 결과 •

　아밀라아제의 양, 전분의 호화 온도, 빵 내부 온도 상승 속도, 반죽
의 pH가 전분 공격에 영향을 준다. 아밀라아제의 양이 많을수록 전분
분해 속도가 높아져 전분 공격 가능성이 커진다. 호밀과 발아한 밀은
아밀라아제 양이 많으므로 전분 공격에 취약하다. 빵 내부 온도 상승
속도가 느릴수록 전분 공격 가능성이 커진다. 아밀라아제의 활성은
약 30℃에서 올라가기 시작하여 70℃에서 최대가 되며, 80℃에서 활
성을 잃는다. 빵 내부 온도가 서서히 올라가면 아밀라아제의 활동 시
간이 늘어나서 전분 공격 가능성이 더 커진다. 반죽의 pH 또한 아밀
라아제의 활성에 영향을 주기에 전분 공격에 영향을 미친다. 아밀라
아제 활성은 pH 5에서 최대이다.

전분 공격으로 빵이 무너지는 현상을 방지하기 위한 몇 가지 방법이 있다. 글루텐 구조를 형성하지 못하는 호밀빵과 글루텐 프리 빵에서는 꼭 사용해야 하는 방법이다. 핵심은 아밀라아제의 활성을 억제하거나 활성 시간을 줄이는 것이다. 활성을 억제하는 방법으로는 반죽의 pH를 낮추는 방법이 가장 효과적이다. pH 5에서 아밀라아제 활성이 가장 높으므로 반죽의 pH를 5 이하로 낮춘다. 사워도우를 사용하면 pH를 쉽게 낮출 수 있다. 잘 발효된 사워도우 pH는 4.2 이하이니 아밀라아제의 활성이 낮은 수준이다. 호밀빵을 제빵효모가 아닌 사워도우로 굽는 가장 큰 이유가 바로 반죽의 pH를 낮추어 전분 공격을 방지하기 위함이다.

높은 온도에서 구우면 빵 반죽 내부 온도를 빠르게 올려 아밀라아제 활성 시간을 줄일 수 있다. 제대로 된 호밀빵 레시피에는 빵 반죽을 오븐에 넣을 때 온도를 높게 설정했다가 일정 시간이 지나면 온도를 낮추라고 되어있다. 빵 반죽 내부의 온도를 빠르게 올림으로써 아밀라아제 활성 시간을 줄여 전분 공격을 막기 위함이다. 몇 분 후 온도를 낮추는 이유는 당연히 빵이 타는 걸 방지하기 위함이다.


재료 측면에서 전분 공격을 방지하는 방법도 있다. 손상 전분 양이 적은 가루를 사용하는 것이 좋다. 손상 전분은 호화 온도가 낮아 아밀라아제 활성이 최고인 온도와 호화 온도가 같게 되어 전분 분해가 빠르게 진행된다. 아밀라아제 양이 많은 가루를 쓰지 않는 것도 방법이다. 호밀과 발아한 곡물은 아밀라아제 양이 많으니 사용 시 전분 공격 현상이 발생하지 않도록 주의해야 한다. 사용 시에는 앞서 설명한 pH와 굽는 온도 조절을 통해 전분 공격 현상 발생을 방지하는 것이 좋다.

# 2-3

# 펜토산의 역할

빵을 굽는 과정에서 펜토산도 중요한 역할을 한다. 글루텐 구조가 형성되지 않는 호밀빵의 경우 펜토산의 역할이 특히 더 중요하다. 펜토산은 밀과 호밀에 들어있는 전분의 한 종류이다. 전분과 펜토산의 차이는 분자 구조에 있다. 전분은 탄소 원자 6개로 된 분자로, 펜토산은 탄소 원자 5개로 된 분자로 이루어져 있다. 전분을 육탄당, 펜토산을 오탄당이라고 부르는 이유이다. 밀의 펜토산 함량은 1.5~2.5%이다. 호밀의 펜토산 함량은 7~11%로 밀보다 훨씬 높다. 펜토산은 밀이나 호밀 알곡의 가장 바깥쪽 부분인 기울에 주로 들어있다. 따라서, 통밀이 백밀보다 펜토산 함량이 높다. 펜토산은 밀알을 구성하는 세포벽의 주성분이다. 세포벽이 두꺼울수록 밀알의 단단함은 증가한다.

따라서 경질밀의 펜토산 함량이 연질밀보다 높다.

  펜토산은 펜토산 분해 효소pentosanase에 의해 자일로스와 아라비노스 등의 단당류로 분해된다. 이들 단당류는 전분 분해의 결과로 나오는 단당류처럼 빵 반죽 발효과정에서 미생물의 먹이가 된다. 다만, 이상발효 유산균만이 펜토산 분해로 나오는 단당류를 먹이로 삼는다. 이는 2부에서 좀 더 자세히 다룰 것이다. 한편, 펜토산 분해 효소는 pH 4의 산성 조건에서 가장 높은 활성을 보인다. 펜토산은 자기 무게의 4~10배의 물을 흡수할 수 있다. 정상 전분이 자기 무게의 30~40%의 물을 흡수할 수 있다는 점과 비교하면 엄청나게 높은 흡수율이다. 호밀가루를 넣은 반죽이 더 많은 물을 흡수하는 이유가 바로 펜토산의 높은 흡수력에 있다.

(A) 글루텐 프리 빵          (B) 밀 르방빵

• [그림 17] 글루텐 프리 빵과 밀로 구운 르방빵 단면 •

빵맛의 비밀

펜토산은 반죽이 구워지는 동안 전분과 비슷한 역할을 한다. 반죽의 점성을 높여 이산화탄소를 가두어 반죽이 부풀 수 있게 하고, 빵 속살의 구조를 형성한다. 글루텐 구조가 약한 호밀빵의 빵 속살 구조를 만드는데 펜토산의 역할은 결정적이다. 글루텐 프리 빵에 들어가는 잔탄검도 펜토산과 같은 역할을 한다. 전분의 호화가 오븐 스프링에 영향을 미치듯이 펜토산의 점성 또한 오븐 스프링에 많은 영향을 준다. 펜토산의 점성이 너무 높으면 오븐 스프링이 적어지고, 반대로 점성이 너무 낮아도 이산화탄소 포집력이 떨어져 오븐 스프링이 제한된다. 펜토산 분해 효소의 활성을 조절하여 적절한 점성을 유지하는 것이 중요하며, 이는 반죽의 pH를 낮춤으로써 가능하다. 일반적으로 반죽의 pH를 펜토산 분해 효소의 최대 활성 산도인 pH 4보다 낮게 한다. 호밀빵을 사워도우로 발효하는 주된 이유이다.

펜토산의 점성으로 반죽이 부풀긴 하지만, 펜토산의 효과는 글루텐 구조의 효과에 훨씬 못 미치므로 호밀빵은 밀빵보다 덜 부풀고 결과적으로 부피가 더 작다. 따라서, 호밀빵은 속살의 부드러움이 밀 빵보다 못하고 더 딱딱하게 느껴진다.


〈그림 17〉은 쌀로 구운 글루텐 프리 빵과 밀로 구운 르방빵의 단면이다. 글루텐 프리 빵의 단면에는 작은 기공이 골고루 분포해 있다. 반면, 밀로 구운 빵 속살의 기공은 크기가 다양하며, 수도 더 많다. 빵 모양이 서로 달라 빵의 부피를 직접 비교할 수는 없다. 하지만, 단면

에서 기공이 차지하는 부피만큼 빵이 부풀었다고 보면 두 빵 모두 부피가 커졌으나, 밀 르방빵이 글루텐 프리 빵보다 훨씬 더 많이 부풀었음을 짐작할 수 있다. 글루텐 구조가 있고 없음이 두 빵에 있는 기공의 크기와 빵 부피의 차이를 가져온다. 비록 호화전분이 발효 중 발생하는 이산화탄소를 포집하여 오븐 스프링을 가능케 하지만 그 효과가 글루텐 구조의 효과를 따라갈 수는 없다.

# 2-4

# 전분과 빵의 노화

  전분은 빵의 노화에도 직접적인 영향을 준다. 노화는 빵이 질기고, 딱딱해지고, 푸석해지는 현상으로 빵이 오븐에서 나오는 순간 시작된다. 빵의 노화는 전분의 노화라 해도 과언이 아니다. 빵의 노화는 〈그림 18〉에서 보는 바와 같이 건조와 전분 재결정화의 결과이다. 신선한 빵 속 전분은 고온에서 호화되어 있다. 호화된 아밀로스와 아밀로펙틴 분자 곳곳에 〈그림 18〉의 (B)처럼 물 분자가 결합하고 있다. 빵이 오븐에서 나오면 호화전분의 아밀로스와 아밀로펙틴 분자에 붙어 있던 물 분자가 빠져나온다. 그 결과 빵이 마르기 시작한다. 먼저 빵 내부의 물이 크러스트 쪽으로 이동한다. 빵이 뜨거울 때는 수증기의 형태로 이동하며, 식은 후에는 물 분자가 이동한다. 바삭하던 크러스트는 눅눅하고 질겨진다. 수분은 빵에서 공기 중으로 계속 이동하며 빵은 빠르게 마른다.

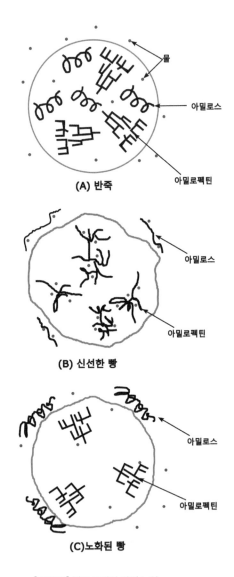

• [그림 18] 전분 호화와 빵의 노화 •

재결정화는 전분을 이루는 아밀로스와 아밀로펙틴이 원래의 모습으로 돌아가는 걸 의미한다. 전분이 호화되면 아밀로스와 아밀로펙틴 분자는 물 분자와 결합하여 〈그림 18〉의 (B)처럼 길게 풀어진다. 이 상태는 불안정한 상태로 언제든 〈그림 18〉의 (A)와 같은 안정한 상태로 돌아가려고 한다. 이때 아밀로스와 아밀로펙틴 분자와 결합하고 있던 물 분자가 떨어져 나가면서 아밀로스와 아밀로펙틴은 원래의 안정한 상태로 돌아간다. 다만, 전분 호화 과정에서 전분 입자가 깨지면서 전분 입자 밖으로 빠져나온 아밀로스는 입자 안으로 되돌아가지 못하고 입자 표면에 붙어 원래의 치밀한 분자 구조로 돌아간다. 전분이 재결정화되려면 전분 분자가 이동할 수 있도록 일정량의 물이 있어야 한다. 전분이 재결정화하면 빵은 질기고 단단해진다.

빵의 노화는 피할 수 없다. 문제는 빵이 노화되면서 신선함을 잃는다는 데 있다. 크든 작든 빵집을 운영하는 이에게 빵의 신선함을 오래 유지하는 것, 즉 빵의 노화를 늦추는 것은 매우 중요하다. 누구도 노화된 딱딱한 빵을 사려 하지 않기 때문이다. 빵의 노화를 막을 수는 없어도 늦출 순 있다. 노화 지연전략에 세 가지가 있다. 수분을 낮추는 방법, 재결정화를 늦추는 방법, 냉동이다. 빵이 노화될 때 건조와 전분의 재결정화가 동시에 진행되는데 이 중 하나를 막으면 빵의 노화를 막을 수 있다. 하지만 두 가지를 동시에 지연시키는 건 불가능하다.

수분을 낮추는 방법은 빵을 일부러 말려 노화를 지연시키는 방법이다. 빵을 잘게 잘라 바짝 굽는 러스크나 비스코티를 상상하면 쉽게 이해할 수 있다. 러스크나 비스코티는 시간이 지나도 바삭함을 유지한다. 빵에 있는 수분을 제거함으로써 전분의 재결정화로 인한 노화를 방지하기 때문이다.

두 번째 전략은 수분의 이동을 제한하여 전분의 재결정화를 지연시키는 방법이다. 아밀로스와 아밀로펙틴이 원래의 치밀한 분자 구조로 돌아가려면 물이 필요하다고 했다. 따라서, 물의 이동을 제한하면 전분이 원래 분자 구조로 돌아가는 걸 막을 수 있다는 뜻이다. 유지, 유기산, 저분자당, 식이섬유 등은 전분의 재결정화를 지연하는 효과를 낸다. 전분 입자를 코팅한 유지는 물 접근성을 떨어뜨려 호화를 지연한다고 했었다. 같은 이유로 유지는 전분의 재결정화를 막아 노화를 지연한다. 유지가 많이 들어간 브리오슈나 식빵이 바게트나 시골빵에 비해 촉촉함과 부드러움이 오래 유지되는 이유이다.

통밀에 풍부한 식이섬유와 사워도우 발효과정에서 유산균이 만들어 내는 젖산과 초산 등 유기산은 높은 친수성으로 물 분자를 붙잡아 물 분자가 전분 분자로 이동하는 걸 막는다. 이에 따라 전분 재결정이 지연되고 노화 현상도 지연된다. 덱스트린은 사워도우 발효과정에서 생성되는 분자량이 작은 저분자당이다. 아밀로스와 아밀로펙틴 분자와 결합하여 이들 분자가 원래의 치밀한 구조로 쪼그라드는 걸 방해하여 전분의 재결정화를 지연한다. 사워도우빵이 제빵효모로 발효한 빵보다 신선함이 오래가는 이유가 바로 유기산과 덱스트린의 노화 지연 효과에 있다. 마지막 전략은 냉동이다. 수분을 얼림으로써 수분의 이동을 제한하여 전분의 재결정화를 지연하는 좋은 전략이다.

노화된 빵을 다시 살려낼 수도 있다. 전분의 노화가 가역 반응이기 때문이다. 즉 노화된 전분을 다시 호화할 수 있다. 가장 많이 쓰는 방법은 두 가지다. 하나는 물을 뿌리고 다시 굽는 것이고, 다른 하나는 토스팅이다. 얼마 전 한 오븐이 선풍적인 인기를 끈 적이 있다. 그 오븐은 "죽은 빵도 살려낸다"라는 평을 받았다. 자그마한 이 오븐의 비밀은 물에 있다. 눈곱만큼 넣는 물이 뜨거운 오븐 안의 빵에 닿으면 전분이 호화되면서 속살이 부드러워진다. 반대로, 크러스트는 오븐의 고온에서 더 건조되어 바삭해진다. 마치 갓 구운 빵처럼 "겉바속촉"이 되는 것이다. 토스팅도 오븐에 굽는 것과 비슷한 효과를 낸다. "속촉"을 원한다면 팬에 물을 약간 뿌리고 빵을 구우면 된다.

전분의 노화에 영향을 주는 요소가 하나 더 있다. 아밀로스와 아밀로펙틴의 함량비다. 아밀로스가 아밀로펙틴보다 노화가 더 빠르다. 아밀로스가 하나의 긴 사슬이기 때문에 원래의 치밀한 분자 구조로 더 쉽게 돌아올 수 있기 때문이다. 아밀로펙틴은 여러 개의 사슬로 이루어져 있어서 원래 분자 구조로 돌아오는데 좀 더 오랜 시간이 걸리기에 노화가 상대적으로 느리다. 따라서 아밀로펙틴의 비율이 높을수록 전분의 노화가 느리다. 밀 전분은 아밀로스가 26~28%, 아밀로펙틴이 72~74%로 아밀로펙틴 함량이 더 높다. 멥쌀의 아밀로스 비율은 18~21%이고, 찹쌀엔 아밀로스가 없다. 찹쌀떡이 오래도록 촉촉하고 부드러운 이유는 찹쌀엔 노화가 느린 아밀로펙틴만 있기 때문이다.

최근 호주에서 아밀로펙틴만 있는 찰밀이 개발되었다. 찰기 좋아하는 아시아 국수 시장용으로 개발하였다는 후문이다. 국산 밀 중에서도 아밀로펙틴 함량이 높은 품종이 있다. 아리흑찰이라는 검은밀이다. 아리흑찰은 아리흑을 모본으로 삼아 개량한 밀 품종이다. 아리흑의 아밀로펙틴 함량은 80.6%로 다른 밀 품종보다 높아 찰성이 있다. 아리흑찰의 아밀로펙틴 함량은 94.3%로 아리흑보다 더 높아졌다[18].

이제껏 제빵에 대한 전분의 영향과 그 원리를 살펴보았다. 전분은 모든 식물에 들어있으니, 밀만의 특성이라고 볼 순 없다. 이제 밀만이 가지고 있는 특성에 대해 알아보자. 글루텐이다.

# 2-5
# 글루텐 단백질과 제빵 특성

글루텐을 빼놓고 제빵성을 논할 수 없다[19]. 밀과 쌀, 옥수수, 귀리, 보리 등 다른 곡물의 근본적인 차이는 글루텐이다. 죽이나 밥이 된 다른 곡물들과 달리 밀은 빵이 되었다. 글루텐이 있기에 가능한 일이다. 하지만 밀에는 글루텐이 없다. 무슨 말도 안 되는 소리냐고? 사실이다. 밀에는 글루텐이 없다. 다만 장차 글루텐이 될 글리아딘과 글루테닌이라는 단백질이 있을 뿐이다. 글리아딘과 글루테닌이 물을 만나면 실타래처럼 뭉쳐있던 분자 구조가 느슨하게 풀어지며 분자들끼리 연결되어 3차원의 그물망 구조를 만든다. 이게 바로 글루텐이다. 그러니 글리아딘과 글루테닌은 글루텐이 아니라 글루텐 형성 단백질이라 부르는 게 정확하다. 줄여서 글루텐 단백질이라고도 한다.

글루텐은 맨눈으로 볼 수 있을 만큼 크기가 크다. 밀가루와 물을 섞어 치댄 후 흐르는 물에 씻으면 전분은 씻겨나가고 추잉검처럼 탄력 있는 덩어리가 남는다. 글루텐이다. 이것을 70℃ 이하의 온도에서 건조한 후 가루 낸 것이 시중에서 판매되는 활성 글루텐이다. 활성 글루텐에 물을 더하면 아무런 손상 없이 원래의 글루텐 구조를 형성한다.

글리아딘과 글루테닌 분자들이 서로 길게 연결되면 반죽은 탄성과 신장성을 가진다. 탄성은 당기거나 누르는 등 힘을 가했을 때 모양이 변했다가 원래 상태로 되돌아가려는 성질이다. 용수철이나 고무줄을 상상하면 이해가 쉽다. 탄성이 클수록 굵은 용수철처럼 늘리기가 어렵고 늘렸다 놓으면 더 빨리 원래 상태로 돌아간다. 글루테닌 분자가 탄성을 담당한다. 또한, 글루테닌 분자가 더 많이 연결될수록 탄성은 증가한다. 같은 재질의 고무줄이라도 길이가 더 길거나 여러 겹으로 하면 탄성이 강해지는 것과 같은 이치이다. 반죽을 더 많이 치댈수록 글루테닌 분자 간의 연결이 늘어나기 때문에 탄성이 더 커진다. 물론 반죽을 과도하게 치대면 이 연결이 끊어져 오히려 탄성이 급격하게 감소하기도 한다.

신장성은 잘 늘어나는 성질이다. 신장성은 매끈한 롤러가 늘어서 있는 컨베이어 벨트를 상상하면 된다. 컨베이어 벨트 위에서는 어떤 물건이든 큰 저항 없이 잘 미끄러져 이동한다. 글루텐 구조에서는 글리아딘이 신장성을 맡는다. 글리아딘이 많을수록 반죽은 더 잘 늘어난다. 또한, 반죽의 수분율이 높을수록 신장성이 커진다.

밀가루의 제빵 특성이 좋다는 말은 일반적으로 빵이 봉긋하게 잘 부푼다는 의미이다. 빵 모양은 〈그림 19〉와 같이 반죽의 탄성과 신장성 사이의 비율에 영향을 받는다. 신장성이 탄성보다 과도하게 크면 빵은 잘 부풀지 않고 옆으로 퍼진다(그림 19(A)). 글루텐이 약한 밀가루를 사용하거나, 글루텐을 충분히 형성하지 않거나, 반죽에 물을 지나치게 많이 넣을 때 이런 현상이 나온다. 탄성과 신장성의 비율이 적정하면 〈그림 19(B)〉와 같이 잘 부푼 빵이 된다. 빵이 잘 부푼 만큼 속살은 부드러워진다. 빵을 굽기 전에 칼집을 낸다면 칼집도 자연스럽게 잘 열린다. 이런 빵을 구울 수 있는 밀가루를 일컬어 제빵 특성이 좋다고 한다. 마지막으로 탄성이 신장성에 비해 지나치게 클 경우, 빵은 잘 부풀지 않고 동그란 모양이 된다(그림 19(C)). 지나친 탄성이 오븐 스프링을 제한하여 빵이 잘 부풀지 않는다. 속살은 조밀하고 떡처럼 찐득거린다.

**(A) 신장성 〉 탄성**

**(B) 탄성과 신장성 비율이 적정**

**(C)탄성 〉 신장성**

• [그림 19] 반죽의 탄성과 신장성 비율에 따른 빵 모양 •

# 2-6
# 글리아딘과 글루테닌의 종류

　밀가루의 제빵 특성에 지대한 영향을 미치는 글리아딘과 글루테닌에 대해 좀 더 알아보자. 밀가루의 제빵 특성에 있어 글루텐 단백질의 양만큼이나 중요한 것이 글루텐 단백질의 질이다. 글루텐 단백질의 질은 글리아딘과 글루테닌에 의해 결정된다.

　글리아딘은 단량체 단백질이다. 단량체는 단백질 구조의 기본이 되는 구조체이다. 레고 조각 하나라고 보면 이해하기가 쉽다. 밀에는 세 종류의 글리아딘이 있다. $\omega$-글리아딘은 황 아미노산이 적은 단백질로 분자량은 30,000~75,000이다. $\alpha/\beta$와 $\gamma$-글리아딘은 황 아미노산이 풍부한 단백질로 분자량이 30,000~45,000이다. 마지막으로 고분자 글리아딘이 있다. 고분자 글리아딘은 단량체 단백질들이 이황화 결합으로 연결되어 있다. 분자량이 10,000~50,000으로 다른 글리아딘보다 크다. 글리아딘은 반죽에 신장성을 부여한다. 따라서, 글리아딘의 함량이 높을수록 반죽은 잘 늘어나고 끈적하다.

글루테닌은 중합체 단백질이다. 레고 조각이 여러 개 합쳐져 이루어진 단백질이라 상상하면 좋다. 글루테닌은 저분자량 글루테닌(Low Molecular Weight Glutenin Subunits, LMW-GS) 과 고분자량 글루테닌(High Molecular Weight Glutenin Subunits, HMW-GS)으로 나뉜다. 저분자량 글루테닌의 분자량은 30,000~45,000이다. 고분자량 글루테닌의 분자량은 67,000~88,000이다. 분자량이 클수록 분자의 길이가 길다. 글루테닌을 고무줄에 비유한다면 고분자량 글루테닌은 저분자량 글루테닌보다 길이가 더 긴 고무줄이다. 긴 고무줄이 더 많이 늘어날 수 있듯이 고분자량 글루테닌은 저분자량 글루테닌보다 더 많이 늘어난다. 빵도 그만큼 더 많이 부풀 수 있다. 또한, 고분자량 글루테닌은 다른 글루텐 단백질보다 더 많은 SH기를 가지고 있다. 다른 고분자량 글루테닌이나 저분자량 글루테닌과 이황화 결합을 더 많이 형성할 수 있고, 결과적으로 더 길고 더 복잡한 글루텐 망을 형성할 수 있다. 따라서, 고분자량 글루테닌의 함량이 높을수록 반죽의 강도와 탄성이 높아져 빵의 부피가 커진다.

# 2-7

# 글루텐의 형성

　글루텐은 고분자량 글루테닌을 중추 삼아 글리아딘과 다른 글루테닌이 다양한 결합을 통해 서로 연결되어 형성한 삼차원 그물망 구조다. 〈그림 20(B)〉는 글루텐의 이차원 구조이며, 실제 글루텐은 이와 같은 구조가 지면 앞뒤로 무수히 연결된 구조이다. 밀가루에 있는 글루텐 형성 단백질은 실타래처럼 단단히 뭉쳐있다. 이 상태로는 다른 단백질과 결합할 수 없다. 빵 반죽을 위해 밀가루에 물을 가하면 상황이 달라진다. 단백질이 물에 닿으면 가는 실처럼 풀려나온다. 다른 단백질과 결합할 준비가 된 것이다.

　단백질 분자 간의 결합 형태는 다양하며, 크게 공유결합과 비공유결합으로 나눌 수 있다. 공유결합은 말 그대로 결합하는 두 개의 분자가 하나의 원자를 공유하는 결합으로 글루텐은 기본적으로 공유결합의 결과물이다.

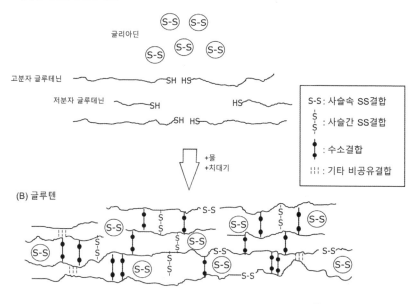

(A) 글리아딘과 글루테닌

글리아딘

고분자 글루테닌

저분자 글루테닌

S-S : 사슬속 SS결합

: 사슬간 SS결합

: 수소결합

⁝⁝⁝ : 기타 비공유결합

+물
+치대기

(B) 글루텐

• [그림 20] 글루텐 형성 단백질(A)과 글루텐 구조 형성(B)[20] •

단백질의 공유결합은 이황화 결합이다. 두 개의 황이 결합한다고 하여 S-S 결합이라고도 한다. 원자를 공유한 결합이므로 결합 강도가 강하다. 〈그림 20〉에서 보는 바와 같이 글루텐 형성 단백질의 끝부분에 SH기가 있다. SH가 산화되면 수소이온이 떨어져 나가고 남아 있는 황 이온이 다른 단백질의 끝단에 있는 산화된 황 이온과 결합한다. 이황화 결합으로 연결되는 단백질 분자 수가 늘어나면서 글루텐의 삼차원 구조가 형성, 확장된다.

이황화 결합을 위해서는 단백질의 산화가 필수적이다. 제빵 공정 중 단백질을 산화하는 것은 치대기와 발효다. 반죽을 치대면 반죽 안에 공급된 공기로 인해 단백질이 산화되며 글루텐이 형성된다. 반죽기에 반죽을 넣고 치대면 반죽이 서서히 단단해지는 것을 느낄 수 있다. 이는 반죽에 들어간 산소에 의해 단백질이 산화되면서 생성된 글루텐의 결과이다. 치대기를 세게 할수록, 오래 할수록 반죽에 들어가는 공기량이 늘어나고 이에 따라 더 많은 글루텐 단백질이 산화한다. 그 결과로 글루텐이 더 많이 생성된다. 치대기는 가장 효과적인 글루텐 형성 방법이다.

단백질 산화는 빵 반죽이 발효되는 과정에서도 일어난다. 효모와 유산균의 대사산물인 이산화탄소에 의해 반죽이 부풀면서 글루텐의 산화를 촉진하며 이에 따라 글루텐 구조가 형성된다. 발효가 진행되면서 반죽이 단단해지는 현상의 원인이다. 하지만, 발효에 의한 글루텐 형성은 치대기에 의한 것보다 효과가 떨어지며 느리게 일어난다.

치대기와 발효 단계에서 글루텐이 형성되기 때문에 한 단계의 글루텐 생성 정도를 고려하여 다른 단계의 작업을 조절할 필요가 있다. 강한 치대기로 글루텐을 최대로 생성시켰다면, 발효를 짧게 하여 발효 단계에서의 글루텐 생성을 조절할 필요가 있다. 반대로, 치대지 않는 빵[13]처럼 치대기를 전혀 하지 않는 경우, 발효 시간을 충분히 두어 글루텐이 생성되게 한다. 일반적으로 제빵은 치대기와 발효를 다 거쳐야 하므로 각 단계에서 글루텐 형성량을 고려하여 다른 단계의 작업 강도나 시간을 조절해야 한다.

비공유결합도 글루텐 형성에 기여한다. 비공유결합은 전하를 띤 단백질 분자 사이 또는 제3의 분자와의 전기적, 전기화학적 인력에 의한 결합이다. 비공유결합으로는 수소결합, 소수성 결합, 이온결합이 있다. 비공유결합은 공유결합과 달리 분자 사이에 원자를 공유하지 않는다. 따라서, 공유결합보다 결합 강도가 약하며, 결합의 지속 시간도 짧다. 휴지하면 반죽이 느슨해지는 건 이들 비공유결합이 깨져 반죽이 이완되기 때문이다. 비공유 결합은 소금과 pH의 영향을 받는다. 소금이 물에 녹아 나트륨과 염소 이온이 되면 글루텐 분자와 이온결합을 형성한다. 소금을 넣으면 반죽이 금세 단단해지는 이유이다. 사

---

13 치대지 않는 빵(no knead bread)은 설리반 스트리트 베이커리 Sullivan Street Bakery의 오너 베이커인 짐 라히 Jim Lahey가 개발한 빵이다. 반죽을 치대지 않는 대신 발효를 12~18시간으로 길게 하는 것이 이 빵의 특징이다. 2006년 뉴욕타임스에 실려 반죽기가 없는 홈베이커 사이에 선풍적인 인기를 끌었다. 국내엔 "무반죽 빵"으로 소개되었다. 반죽(mixing)은 재료 혼합(mixing)과 치대기(kneading)의 두 단계를 포함한다. 재료 혼합, 즉 반죽 없인 빵이 될 수 없다. 따라서, 무반죽 빵보다는 치대지 않는 빵 또는 손반죽 빵으로 부르는 것이 옳다.

워도우 발효 중에 발생하는 초산과 젖산 등의 유기산도 글루텐 구조를 강화한다. 이들 유기산의 분자 끝단에 있는 카복실기가 내놓는 수소이온이 글루텐 분자 사이의 수소결합을 촉진하기 때문이다. 수분율, 재료 조성 등이 같을 때, 사워도우 발효한 반죽이 제빵효모로 발효한 반죽보다 단단한 이유가 바로 유기산에 의한 수소결합에 있다.

## [제빵 노트] 항산화제인 비타민C가 글루텐 구조를 강화한다?

밀가루 성분표를 들여다보면 아스코르브산ascorbic acid이라는 이름을 가끔 볼 수 있다. 아스코르브산은 비타민C의 화학명이다. 그렇다. 비타민 보충을 위해 먹는 바로 그 비타민C이다. 빵 반죽에 들어간 비타민C는 글루텐을 강화한다. 비타민C는 글루테닌 끝단의 SH기를 산화시켜 이황화 결합을 유도한다. 이황화 결합을 통해 글루테닌이 길게 연결되어 글루텐 망이 강화된다. 그런데 비타민C는 원래 산화를 막는 항산화제가 아니던가? 심지어 비타민C를 활성산소로부터 세포를 보호하는 효과 만점인 항산화 물질이라고 광고하지 않던가? 한데 강력한 항산화제인 비타민C가 어떻게 단백질을 산화한단 말인가? 비밀은 비타민C가 밀가루에 들어가서 디하이드로아스코르브산dehydroascorbic acid으로 산화되고 이 산이 SH기를 산화시킨다는 데 있다. 즉 비타민C의 산화 산물이 글루텐 단백질을 산화하여 글루텐을 강화하는 것이다.

아스코르브산은 노벨화학상 수상자인 헝가리 과학자 센트죄르지 Albert Szent-Gyorgyi 박사가 발견했다. 그는 이 물질을 "모른당" igonose[14]이라 부르기도 했고, 신만이 안다는 의미로 godnose라고도 불렀다. 항산화제인 비타민C가 글루텐 단백질을 산화한다니 참 묘한 일이당.

---

14) 모른다는 뜻의 ignore에 당을 뜻하는 -ose를 붙인 언어 유희다.

## 2-8

# 수분율에 따른 글루텐 구조의 변화

밀가루에 물을 부으며 반죽을 해 보면 물의 양에 따라 반죽 상태가 달라짐을 느낄 수 있다. 물이 적을 땐 글루텐의 강도가 느껴지지 않는다. 물을 더 넣으면 반죽에 점점 힘이 생기다가 어느 순간을 넘어가면 반죽이 축 처진다. 물의 양에 따라 글루텐 구조가 달라지기 때문이다.

글루텐 망은 고분자량 글루테닌과 고분자량 글루테닌, 고분자량 글루테닌과 저분자량 글루테닌, 고분자량 글루테닌과 글리아딘 사이의 이황화 결합을 근간으로 한다. 이외에도 고분자량 글루테닌 사이, 고분자량 글루테닌과 다른 폴리머 사이의 비공유결합이 있어 글루텐 망이 일정 시간 동안 안정성을 유지한다. 이런 다양한 결합은 수분율에 따라 달라진다.

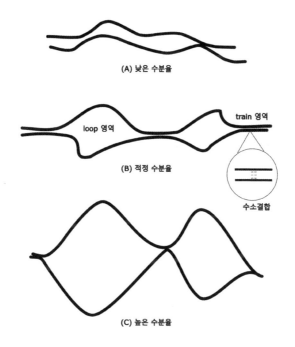

• [그림 21] 고분자량 글루테닌의 loop-train 모델을 이용한
수분율의 영향 모사 (A) 저수분율, (B) 중간 정도의 수분율, (C) 고수분율 •

 

 

 

수분율에 따른 글루텐 구조의 변화는 루프-트레인loop-train 모델로
설명할 수 있다[21]. 이 모델은 수분율에 따른 두 고분자량 글루테닌 사
이의 결합 구조의 변화를 설명하는 데 아주 유용하다. 건조 상태에서
글루텐 단백질의 구조는 제각각이고 무질서하다(그림 21(A)). 이때 글
루테닌 분자는 수소결합으로 연결되어 있다. 물이 더해지면 수소결합

일부가 깨지면서 글루테닌 분자 사이에 공간이 생긴다(그림 21(B)). 이 벌어진 공간을 루프라고 하며 이 영역에 물이 들어간다. 여전히 수소결합으로 연결된 영역을 트레인 영역이라 한다. 루프 영역과 트레인 영역의 비율은 수분율에 따라 달라진다. 수분율이 높아지면 루프 영역이 늘어난다. 적정 수분율에서 루프 영역과 트레인 영역이 균형을 이룬다. 두 영역이 균형 상태에 있을 때 글루테닌의 탄성이 나타난다. 반죽을 늘리면 루프 영역이 당겨지면서 글루테닌 분자가 늘어나며 탄성 에너지가 글루테닌 분자에 축적되고 그 결과로 늘림에 대한 저항성이 커진다. 또한, 두 글루테닌 분자가 가까워지면서 수소결합이 형성되며, 이에 따라 늘림에 대한 저항성이 커진다. 반죽을 당겨도 무한정 늘어나지 않는 이유이다.

수분율이 높아짐에 따라 루프 영역은 더 늘어나고 반대로 트레인 영역은 줄어든다(그림 21(C)). 루프 영역이 트레인 영역보다 과도하게 커지면 두 영역 사이의 균형이 깨지며 글루테닌 분자 사이의 결합이 약해지고 반죽이 처지기 시작한다. 수분율이 높은 반죽이 탄성을 잃고 끈적해지는 이유이다.

# 2-9
# 글루텐 단백질의 질이
# 밀가루의 제빵 특성을 결정한다

단백질 함량과 빵 부피 사이의 상관관계가 그리 높진 않다. 단백질 함량이 높은 밀가루를 써서 빵을 구우면 빵이 잘 부풀 수 있지만, 밀가루의 단백질 함량이 높다고 꼭 빵이 잘 부푸는 건 아니다. 외알밀이나 엠머의 단백질 함량이 빵밀에 비해 월등히 높지만 제빵성은 빵밀에 비해 현저히 떨어진다. 우리밀로 빵을 구워본 사람은 대부분 수입밀에 비해 빵이 덜 부푼다고 한다. 하지만 우리밀의 단백질 함량은 프랑스 밀과 비슷하고, 심지어 일부 미국산 밀과도 비슷하다. 단백질 함량이 제빵성 평가지표로 적합하지 않다는 의미이다. 가이슬리츠 Geisslitz 등은 이를 명확히 밝혔다.

가이슬리츠 등은 빵밀, 스펠트, 듀럼, 엠머, 외알밀 각 15개 품종의 글루텐 단백질을 분석하였다[22]. 〈그림 22〉 (A)와 (B)는 밀 종류별 단백질과 글루텐 단백질 함량의 상자수염도표이다. 맨 아래쪽에 있는 수평선이 최솟값, 맨 위에 있는 수평선이 최댓값이다. 가운데 상자의 아랫변이 하위 25%, 윗변이 상위 25%, 그 사이에 있는 수평선이 중윗값이고, 상자 안에 있는 검은 네모가 평균값이다. 빵밀의 단백질 함량은 최솟값이 7.2%, 최댓값이 13.2%, 하위 25% 값이 8.2%, 중윗값이 9.5%, 상위 25% 값이 11%, 평균값이 9.4%이다. 나머지 밀의 데이터도 같은 방식으로 이해하면 된다.

모든 밀 종류는 밀 품종에 따라 단백질 함량의 분포가 상당히 넓다(그림 22(A)). 평균값을 단순 비교해보면 듀럼의 단백질 함량이 가장 높고, 외알밀, 스펠트, 엠머, 빵밀 순서로 단백질 함량이 낮아진다. 글루텐 단백질 함량은 당연히 단백질 함량보다 낮다. 밀의 단백질에는 글로불린과 알부민 등 글루텐 단백질 이외의 단백질도 있기 때문이다. 빵밀의 글루텐 단백질은 총 단백질의 약 80%이다. 글루텐 단백질 함량도 밀 품종에 따른 분포가 넓으나, 외알밀은 다른 밀에 비해 그 분포가 좁다. 평균값은 스펠트가 가장 높고, 듀럼, 외알밀, 엠머, 빵밀 순으로 낮아진다. 듀럼밀, 외알밀, 스펠트, 엠머, 빵밀 순인 단백질 함량과 차이가 있다. 단백질 함량이 높다고 해서 글루텐 단백질이 반드시 높지는 않다는 점과 빵밀의 단백질과 글루텐 단백질 함량 모두 다른 밀보다 낮다는 점에 주목해야 한다.

빵맛의 비밀

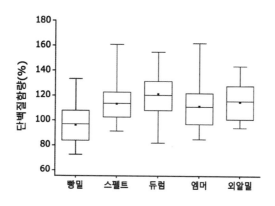

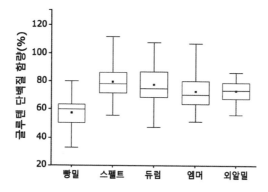

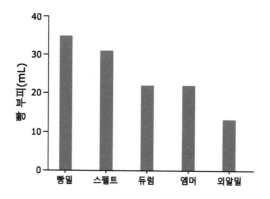

• [그림 22] 밀 종류별 단백질 함량과 빵 부피 차이
(A)단백질 함량 (B)글루텐 단백질 함량 (C)빵 부피 •

〈그림 22(C)〉는 미니 베이킹 테스트를 통해 분석한 다섯 종류 밀로 구운 빵 부피의 평균값이다[23]. 빵밀이 35.1mL로 가장 크고, 스펠트 31.4mL, 듀럼과 엠머가 22.2mL, 외알밀이 13.3mL이다. 제빵성은 일반적으로 빵이 크게 잘 부푸는 것을 의미하므로 빵밀의 제빵성이 가장 뛰어나다. 빵밀의 단백질 함량과 글루텐 단백질 함량이 다섯 가지 밀 중에서 가장 낮음에도 불구하고 빵 부피는 가장 크다는 점은 단백질 함량과 글루텐 단백질 함량이 밀가루의 제빵성을 평가하는 지표로서 그리 적합하지 않다는 걸 의미한다.

제빵성은 단백질 함량이나 글루텐 단백질 함량이 아닌 글루텐 단백질의 질이 결정한다[24]. 글루텐 단백질의 질은 글루텐 단백질 사이의 비율이다. 이제껏 글리아딘이 어떻고, 고분자량 글루테닌은 또 어떻다고 이러쿵저러쿵 떠든 이유가 바로 글루텐 단백질의 질을 설명하기 위함이었다. 글루텐의 질은 글리아딘과 글루테닌의 비율에 영향을 받는다. 글리아딘은 신장성을, 글루테닌은 탄성을 반죽에 부여한다.

이 두 가지 단백질의 상대적 비율[15]에 따라 제빵 특성이 달라진다. 글리아딘(Gli)이 글루테닌(Glu)보다 많으면, 즉 Gli/Glu 비가 높으면 반죽의 신장성이 탄성보다 우세해진다. 힘이 없이 푹 퍼진 빵이 된다(그림 19(A)). 글리아딘과 글루테닌이 적정하면, 즉 Gli/Glu 비가 적정

---

15) 일반적으로 글리아딘/글루테닌 비율을 사용하며, "Gli/Glu 비"로 표현한다.

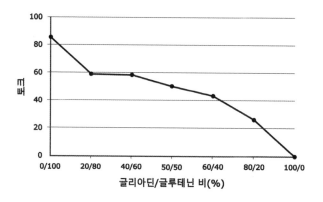

· [그림 23] 글리아딘/글루테닌 비율에 따른 반죽의 토크 ·

하면 반죽의 탄성과 신장성이 균형을 이뤄 〈그림 19(B)〉와 같이 제대
로 잘 부푼 빵이 나온다. Gli/Glu 비가 극단적으로 낮으면 반죽의 강
도가 지나치게 강해 〈그림 19(C)〉와 같이 잘 부풀지 않은 동그란 빵이
나온다.

밀가루의 제빵성은 토크를 통해 평가할 수 있다. 토크는 축을 중심
으로 물체를 회전시키는 데 필요한 힘이다. 빵 반죽의 토크는 반죽기
훅의 회전에 대한 저항력이며, 반죽의 강도, 즉 글루텐의 강도를 평가
하는 데 유용한 지표이다. 반죽의 토크가 클수록 반죽의 글루텐 강도
가 세다. 멜릭Melnyk 등은 글리아딘과 글루테닌을 혼합하여 Gli/Glu
비를 달리하며 글루텐의 토크[16]를 측정하였다[25]. 〈그림 23〉과 같이

---

16) 단위는 BE(Barber Equivalent)이며, 독일 Barber사의 Gluten Peak Tester로 분석하였다.

Gli/Glu 비율이 증가할수록 토크, 즉 반죽의 강도가 감소함을 확인하였다. 또한, Gli/Glu가 50/50일 때 최적의 제빵성을 보인다고 하였다. Gli/Glu 비가 1일 때 반죽의 신장성과 탄성이 균형을 이루어 제빵성이 가장 좋다는 주장이다.

하지만, 실제 밀의 Gli/Glu 비는 멜릭 등의 연구 결과와는 사뭇 다르다. 다시 가이슬리츠 등의 연구 결과를 살펴보자. Gli/Glu 비는 빵밀이 가장 낮고, 스펠트, 듀럼, 엠머, 외알밀 순으로 높아진다(그림 24(A)). 평균값 기준으로 빵밀 2.5, 스펠트 3.2, 듀럼 4.0, 엠머 5.0, 외알밀 6.5이다. 모든 종류의 밀에서 글리아딘의 함량이 글루테닌보다 월등히 높다. 멜릭 등이 제빵성이 가장 좋다고 주장한 Gli/Glu 비가 1인 경우는 현실에는 존재하지 않는다. 하지만, 〈그림 22(C)〉의 빵 부피와 비교해보면 글리아딘/글루테닌 비는 빵 부피와 매우 높은 상관성이 있음을 확인할 수 있다. 따라서, 글루텐의 질을 나타내는 Gli/Glu 비는 제빵성을 평가하는데 유효한 지표로 사용할 수 있다.

저분자량 글루테닌과 고분자량 글루테닌의 비율도 글루텐의 질에 큰 영향을 미친다(그림 24(B)). 이 비율도 Gli/Glu 비율과 비슷한 양상을 보인다. 6배체밀인 빵밀과 스펠트에서 비율이 낮고 2배체밀인 외알밀에서 가장 높으며, 4배체밀인 듀럼과 엠머는 중간에 위치한다. 글루테닌의 탄성은 분자 크기가 클수록 커지므로 고분자량 글루테닌

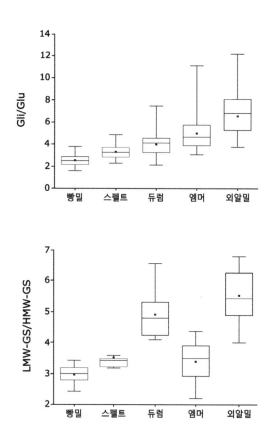

· [그림 24] 밀 종류별 글루텐 단백질 사이의 비율
(A)글리아딘/글루테닌 비 (B) 저분자량글루테닌/고분자량글루테닌 비 ·

이 많을수록[26], 즉 저분자량 글루테닌/고분자량 글루테닌 비가 낮을수록 반죽의 강도가 증가하고 제빵성이 좋아진다.

2022년 마르쉐 햇밀장에서 제분 방식에 따른 밀가루의 특성을 비교 분석한 적이 있다. 우리밀 중 제빵성이 가장 좋다고 평가받고 있는 백강밀을 대상으로 한 분석이었다. 전북 부안산 백강밀을 국내 네 군데 제분소에서 제분한 밀가루와 수입 밀가루의 단백질 함량과 글루텐 단백질 함량을 분석하였다. 광의면 우리밀 제분소에서 제분한 백강밀의 단백질 함량과 글루텐 단백질 함량은 각각 12.5%, 9.0%로 수입산 강력분의 단백질 함량 12.5%, 글루텐 단백질 함량 12%와 큰 차이가 없었다. 하지만 백강밀과 수입 강력분으로 빵을 구워보면 제빵성에 큰 차이가 있음을 느낄 수 있다. 강력분으로 구운 빵은 백강밀로 구운 빵보다 훨씬 크게 잘 부푼다. 개별 글루텐 단백질을 분석한 결과가 없어서 정확한 비교가 불가능하지만, 백강밀과 강력분 사이에는 Gli/Glu 비, 저분자량 글루테닌/고분자량 글루테닌 비에서 상당한 차이가 있을 것이다. 우리밀의 제빵성이 수입밀보다 못한 원인은 낮은 단백질 함량이나 글루텐 단백질의 함량이 아니라 글루텐 단백질의 낮은 품질에 있다. 좀 더 상세한 분석결과는 제1부 3-3절에서 다루었다.

# 2-10

# 글루텐은 뼈대,
# 전분은 뼈대를 채우는 속살

앞서 살펴보았듯이 전분과 글루텐은 서로 다른 기작으로 밀가루의 제빵성에 영향을 준다. 전분과 글루텐이 서로 다른 방식으로 제빵성에 영향을 미치지만, 이들의 작용은 상호보완적이다. 제빵성은 전분과 글루텐의 상호보완적인 작용의 결과로 이해하는 것이 더 바람직하다. 오븐에서 반죽이 봉긋하게 잘 부풀기 위해선 이산화탄소의 팽창을 견딜 수 있는 적당한 강도와 이산화탄소의 팽창에 따라 부풀 수 있는 구조가 만들어져야 한다. 이때 반죽의 구조는 탄성과 신장성이 적절한 비율을 이루고 있다. 전분과 글루텐의 조합이 이런 반죽의 구조를 만든다.

전분과 글루텐이 만드는 구조는 건물의 벽체에 비유할 수 있다(그림

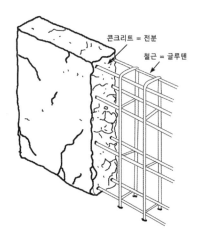

콘크리트 = 전분
철근 = 글루텐

• [그림 25] 철근 콘크리트 벽체와 글루텐과 전분으로 이루어진 반죽 구조의 유사성 •

25). 건물의 벽체를 만드는 방법은 다양하다. 벽돌을 쌓을 수도 있고, 흙벽을 만들 수도 있다. 강도 측면에서 보면 철근 콘크리트 벽체만 한 것이 없다. 철근 콘크리트 벽체를 만들기 위해선 철근으로 뼈대를 형성한 후 뼈대 안과 밖에 자갈, 모래, 시멘트를 혼합한 콘크리트를 부어 굳힌다. 굳은 콘크리트는 철근과 하나가 되어 단단하고 구조적으로 안정한 벽체가 된다.

빵의 속살 구조는 철근 콘크리트 구조와 비슷하다. 글루텐이 3차원 그물망처럼 뼈대를 형성하고, 다양한 크기의 전분 알갱이가 그 뼈대 속을 채워 속살을 만든다. 글루텐이 철근의 역할을, 전분이 콘크리트의 역할을 하는 것이다. 재미있는 건 글루텐이 뼈대를 이루고, 전분이

빵맛의 비밀

그 속을 채우는 구조가 밀 알곡, 반죽, 빵 속살에 모두 존재한다는 점이다. 〈그림 26(A)〉는 밀 알곡 단면 사진이다. 오른쪽 끝부분이 밀 알곡의 바깥쪽, 왼쪽이 중심부이다. 화살표가 가리키는 부분은 글루텐

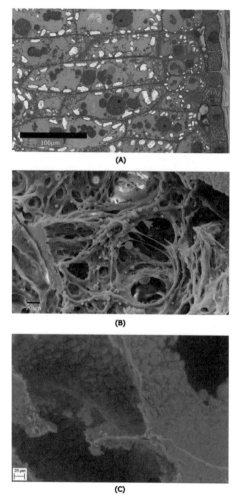

• [그림 26] 글루텐과 전분 구조. (A) 밀 알곡의 글루텐 단백질과 전분 구조[27]
(B) 반죽의 글루텐과 전분 구조 (C) 빵 속살의 글루텐과 전분 구조[28] •

단백질이고, 동그라미로 표시한 부분이 전분이다. 글루텐 단백질이 만든 방을 전분이 채우고 있다. 글루텐 단백질로 만들어진 방은 오른쪽으로 갈수록, 즉 밀기울 쪽으로 갈수록 크기가 작아진다. 이에 따라 밀알의 바깥쪽으로 갈수록 글루텐 단백질 함량이 높아진다. 밀가루의 회분율이 높아질수록 글루텐 단백질 함량이 높아지는 이유이다. 글루텐과 전분으로 이루어진 구조는 빵 반죽(그림 26(B))에도 나타난다. 3차원 거미줄처럼 된 글루텐 망에 동그란 전분이 붙어 있음을 확인할 수 있다. 〈그림 26(C)〉는 빵 단면이다. 글루텐 망과 전분 입자의 구조가 여전히 나타난다. 〈그림 26(B)〉와 비교하면, 오븐 스프링으로 인해 기공은 더 커졌고 속살 벽은 얇아졌다.

# [제빵 노트] 단백질 함량 분석법의 창시자
# Johan Kjeldahl 가상 인터뷰

요한 구스타프 크리스토퍼 토르
사거 켈달(Johan Gustav Christoffer
Thorsager Kjeldahl, 1849 – 1900)은 덴
마크의 화학자. 세계 최초로 단백질
함량 분석법을 개발했다.

밀은 쌀, 옥수수와 함께 인류가 가장
많이 소비하는 곡물이다. 밀에는 쌀
과 옥수수에는 없는 특별한 단백질

출처:Carlsberg Laboratory

인 글루텐 단백질이 있다. 글루텐 단백질이 있기에 밀은 인류에게 빵
이라는 새로운 음식을 선사했다. 봉긋하게 부풀어 폭신폭신한 빵, 그래
서 먹기에도 좋은 빵, 밀의 글루텐 단백질이 있기에 가능한 일이다. 밀
의 단백질 함량은 언제부터 분석했을까? 밀의 단백질 함량은 어떻게
분석할까? 단백질 함량 분석법을 세계 최초로 개발한 Johan Kjeldahl
박사를 가상 인터뷰했다.

Q: 안녕하세요. 단백질 함량 분석법을 최초로 고안하신 분을 인터뷰
하게 되어 영광입니다. 우선 박사님 성함을 어떻게 읽어야 하는지
알려주세요.

A: 요한 켈달입니다. 평소 이런 요청을 많이 받습니다. 덴마크어가 익숙지 않은 분들에겐 제 이름이 어려운가 봅니다.

Q: 아, 그렇군요. 켈달 박사님, 지금 하는 일을 간략하게 소개해 주세요.

A: 저는 덴마크 코펜하겐에 있는 칼스버그실험실의 화학부 책임자로 일하고 있습니다. 칼스버그실험실은 이름에서 추측하실 수 있듯이 칼스버그 맥주의 자회사입니다. 맥주 제조 전반에 대한 실험과 분석 업무를 담당하고 있습니다.

Q: 맥주 양조와 관련된 연구를 하고 계시군요? 곡물의 단백질 함량 분석법을 고안해 내셨다고 하던데 소개 부탁드립니다.

A: 네. 1883년 발표한 〈유기물 속 질소 함량 결정법(New method for the determination of nitrogen in organic substances)〉 말이군요. 칼스버그실험실에서 제가 하는 일 중 하나가 맥주 제조용 맥아에 들어있는 단백질의 함량을 분석하는 일입니다. 맥아에 단백질 함량이 많을수록 전분의 함량은 적어지고 이에 따라 맥주의 양도 줄어들죠. 따라서 맥아에서 얼마나 많은 양의 맥주를 생산할 수 있을지 평가하려면 맥아 속 단백질 함량을 정확하게 분석할 필요가 있습니다. 하지만 지금까지 정확한 분석법이 없었어요. 저는 연구를 통해 단백질 함량 분석법을 확립하였고, 이를 앞서 언급한 논문을 통해 발표하였습니다. 참고로 곡물 속 단백질은 맥주에만 영향을 주는 건 아닙니다. 한국에선 쌀로 빚은 막걸리나 소주를 많이 마신다

고 들었습니다. 막걸리나 소주를 많이 마시면 다음 날 숙취로 고생하시죠? 그 숙취의 원인이 바로 쌀에 들어있는 단백질입니다.

Q: 아, 쌀에 들어있는 단백질이 숙취의 원인이었군요. 박사님께서 발표하신 단백질 함량 분석법에 대한 간략한 소개 부탁드립니다.

A: 네. 분석은 비교적 간단합니다. 우선 유기화합물을 고농도의 황산에 섞고 가열합니다. 이때 유기화합물 속 질소는 암모니아로 바뀝니다. 이 암모니아를 약산성 용액에 흡수시킨 후 그 양을 분석하면 됩니다.

Q: 생각보다 간단하네요. 박사님 말씀을 들어보니 분석을 통해 얻는 결과는 유기화합물 속에 있는 단백질 함량이 아닌 질소 함량인 듯합니다. 그런데 분석의 목적은 질소 함량이 아니라 단백질 함량을 알아내는 거 아닌가요?

A: 정확히 보셨습니다. 이 분석법을 통해 얻는 건 질소 함량입니다. 질소 함량에 변환계수를 곱하면 단백질 함량을 구할 수 있습니다.

Q: 변환계수는 어떤 건가요?

A: 단백질은 질소로 이루어졌다는 건 잘 아시죠? 따라서 질소량과 단백질량 사이에 어떤 상관관계가 있을 겁니다. 이 상관관계를 수치화한 것이 변환계수입니다. 곡물별로 단백질에 차이가 있으므로 변환계수 또한 곡물에 따라 다릅니다.

Q: 대표적인 곡물의 변환계수를 알려주세요.

A: 저의 주 관심사인 보리는 5.83입니다. 밀에 관심이 많으시다고 들었는데 밀의 변환계수는 세 종류가 있습니다. 통곡이 5.83, 밀기울이 6.31, 배아가 5.7입니다. 한국인의 주식인 쌀의 변환계수는 5.95입니다. 제가 고안한 방법으로 분석한 총질소 함량에 이 변환계수를 곱하면 단백질 함량이 되는 거죠.

Q: 박사님이 정립하신 단백질 함량 분석법이 세상에 나온 지 꽤 오랜 시간이 흘렀는데 지금도 사용되고 있는지도 궁금합니다.

A: 개선된 분석법들이 소개되었지만 제가 개발한 분석법이 지금도 널리 사용되고 있습니다. 한국에선 켈달법이라고 부른다고 하더군요. 당연히 밀의 단백질 함량 분석에도 사용되고 있습니다. 밀에서 세 가지 변환계수가 있다고 말씀드렸죠? 세 가지 중 일반적으로 5.7을 적용하고 있습니다.

Q: 아! 그럼 켈달법으로 분석한 총질소 함량×5.7이 밀의 단백질 함량이 되는 거군요.

A: 그렇습니다.

Q: 오늘 박사님께 많은 걸 배웠습니다. 인터뷰에 응해주셔서 고맙습니다.

빵맛의 비밀

# [제빵 노트] 밀 글루텐으로 MSG를 만들었다고?

1908년 동경대학의 이케다 교수가 다시마로부터 감칠맛[17] 성분을 추출하였다. L-글루탐산 나트륨이다. 이듬해 이 성분을 아지노모토라는 이름으로 상표 등록하였고, 같은 해 12월 상업 생산을 시작하였다. 감칠맛의 대명사, MSG는 이렇게 세상에 나왔다. 최초의 MSG 생산공정은 추출, 분리, 정제의 3단계로 이루어졌다[29]. 이케다 교수가 MSG 추출에 사용한 원료는 놀랍게도 밀 글루텐이었다. 단백질은 20종의 아미노산으로 이루어진다. 이중 글루탐산과 아스파트산만이 감칠맛을 낸다. 글루탐산의 감칠맛은 압도적이어서 아스파트산의 3배이다. 밀 글루텐 단백질의 50%가 글루탐산으로 이루어져 있다. 지금까지 알려진 자연에 있는 단백질 중 글루탐산 함량이 가장 높다. 이케다 교수가 밀 글루텐 단백질을 MSG 추출을 위한 원료로 사용한 이유가 바로 여기에 있다. 글루텐 단백질 자체가 감칠맛 성분을 대량 함유하고 있으니 감칠맛 나는 빵을 굽는 것도 가능할 것이다. 명지대 근처 어느 빵집에서 먹은 바게트에서 나던 오징어 맛은 글루텐 단백질이 낸 감칠맛이었는지도 모르겠다. 감칠맛이 학계에서 맛으로 공식 인정받기까지 100년 가까운 시간이 필요했다. 맛으로 인정받기 위해선 그 맛 성분을 받아들이는 수용체가 규명되어야 한다. 2000년, 쇼드하리Chaudhari 등이 뇌에서 mGluR4라는 L-글루탐산나트륨 분자 수용체를 최초로 발견하였다.[30] 2년 후 넬슨Nelson 등이 또 다른 L-글루탐산나트륨 수용체 단백질을 발견함으로써[31] 감칠맛은 다섯 번째 맛으로 정식 인정받았다.

---

17) 일본어로는 우마미(うまみ, うま味)라고 하며, 영어로도 umami라 한다.

# 3장

## 제분과
## 밀가루

# 3-1

# 제분

동아시아 쌀 문화와 서양 빵 문화의 근본적인 차이는 입식과 분식의 차이다. 쌀은 알곡을 통째로 먹지만, 밀은 가루를 내서 먹는다. 밀을 처음부터 가루 내서 먹지는 않았을 것이다. 비옥한 초승달 지역에서 최초로 야생밀을 먹었을 원시인들은 밀을 가루가 아닌 알곡 자체로 먹었을 것이다. 고대 로마 시대의 기록에 죽 먹는 것들porridge eaters라는 말이 나온다. 로마인들이 죽을 먹는 주변 민족을 비하해 이렇게 불렀다 한다. 고대 로마 시대에는 이미 시칠리아, 이집트, 튀니지 등 식민지에서 밀을 대량으로 재배하여 제국의 수도인 로마로 들여오고 있었다. 이민족들은 밀 알곡으로 죽을 만들어 먹었고 로마인들은 이들을 죽 먹는 것들이라고 불렀다. 죽이나 쑤어 먹는 미개한 이민족과 달리 로마인들은 빵을 먹는 '귀한' 민족이었다.

밀 농사를 짓기 시작한 인류가 밀로 조리한 최초의 음식은 죽이었을 것이다. 당시 인류가 최초로 재배한 엠머와 외알밀은 아주 단단한 밀이다. 죽은 딱딱한 밀을 부드럽게 먹을 수 있는 가장 좋은 조리법이다. 시간이 흘러 곡물을 가루 내는 법을 알게 되면서 무발효빵을 구워 먹게 되었고, 우연히 발견한 발효의 원리를 이용하여 르방빵을 구워 먹게 되었다. 로마인은 멋진 장작 화덕에서 구운 르방빵을 먹었다.

밀 알곡을 가루 내는 일은 매우 고된 일이다. 이집트 파라오의 무덤에서 제분하는 장면을 묘사한 토기 인형이 출토되었다. 무릎 꿇고 앉아 밀을 갈고 있는 여인상이다(그림 27). 이때 사용한 도구가 갈판과 갈돌이다. 넓적한 돌이 갈판이고 그 위에 있는 둥글고 긴 돌이 갈돌이다. 갈판과 갈돌은 세계 곳곳의 신석기 유적지에서 발견되었다. 중동에서도, 유럽에서도 비슷한 모양의 갈판과 갈돌을 사용하였다. 우리나라에서도 발견되었다. 모양이 중동이나 유럽에서 발굴된 것과 그리 다르지 않다. 신석기 시대 그 먼 거리를 오가며 부족 간의 교류를 통해 전파된 것인지 아니면 세계 곳곳에서 동시다발적으로 비슷한 것이 발명되었는지 의견이 분분하지만 비슷한 도구가 비슷한 시기에 세계 곳곳에서 출현했다는 건 신기한 일이다.

밀알을 갈판 위에 올리고 갈돌을 앞뒤로 왔다 갔다 하면 밀이 가루가 된다. 갈돌 위에 체중을 전부 실어야 밀이 갈린다. 아주 힘든 육체

• [그림 27] 이집트에서 발굴된 밀 가는 여인상(토기인형) •

노동이었을 것이다.

작업 효율은 얼마나 될까? 캐롤린 하몬Caroline Hamon과 발레리 르 갈 Valerie Le Gall은 말리의 원주민이 갈판과 갈돌로 좁쌀 가루 내는 것을 연구했다[32].

> "좁쌀 100g을 가루 내려면 갈돌을 130~150번 앞뒤로 반복해서 움직여야 했고, 대략 3분이 걸렸다. 갈돌이 무거울수록 갈돌을 앞뒤로 움직이는 속도는 더 느렸다. 제분 속도는 작업자의 나이와 힘에 영향을 받았다. 체력이 많이 소모되는 일이어서 작업 지속 시간은 보통 10~15분을 넘지 않았다. 가족 10명의 하루 식사에 필요한 1,000g의 가루를 내기 위해서는 10세트 이상의 작업이 필요했다."

가루 1kg을 만드는데 최소 30분의 시간이 필요했다니 이 제분 방법의 효율이 얼마나 낮은지, 얼마나 고된 작업일지 상상이 된다.

갈판과 갈돌은 원시적인 맷돌 제분 도구였다. 청동기에 이르러 원형 맷돌이 개발되었다. 맷돌 하면 떠오르는 어처구니를 잡고 돌리는 바로 그 형태의 맷돌이다. 조그마한 맷돌에서 시작된 회전형 맷돌을 더 발전시킨 건 고대 로마인들이었다. 화산에서 분출된 화산재에 매몰되었던 폼페이에서 다수의 맷돌이 발견되었다. 모래시계 모양의 맷돌은 말의 힘을 이용하여 돌릴 만큼 컸다(그림 28). 요즘 사용하는 맷돌 제분기도 고대 로마 시대의 것과 크게 다르지 않다. 예나 지금이나 맷돌은 위아래 한 쌍의 돌로 이루어져 있고, 윗돌을 돌려 밀을 제분한다. 다만, 윗돌을 돌리는 동력이 사람이나 가축에서 전기로 바뀌었을 뿐이다.

맷돌 제분 공정은 매우 단순하다. 맷돌 제분기를 한번 거쳐 밀가루를 낸다. 오가그레인에서 하는 것처럼 윗돌과 아랫돌의 간격을 단계적으로 좁힌 여러 대의 맷돌 제분기를 통과시켜 좀 더 고운 밀가루를 내기도 하지만 두 맷돌 사이의 간격에 차이가 있을 뿐 공정은 같다. 137쪽 [제빵 노트]에서 오가그레인을 소개하였다.

맷돌로 제분한 밀가루는 통밀가루이다. 통밀가루에는 밀기울, 배아, 배유 등 밀 알곡의 모든 부위가 다 포함되어 있다. 체질로 입자가

• [그림 28] 고대 로마 시대 제분용 맷돌 •

*출처: Penn State Libraries Pictures Collection

큰 밀기울을 제거할 수 있지만, 밀알을 통째로 갈기 때문에 체질을 한다고 해도 작게 갈린 밀기울까지 제거할 수는 없다. 맷돌 제분 후 체질하지 않은 밀가루는 T150, 체질하여 밀기울 일부를 제거한 밀가루는 T80에 가까운 밀가루라고 보면 무방하다.

　현대의 백밀가루가 나올 수 있었던 건 전적으로 롤러 제분의 공이다. 롤러 제분은 1880년대 후반에 비로소 상업화되었다. 그 이전까지 제분 방식은 오직 맷돌 제분뿐이었다. 롤러 제분은 공정이 길고 매우 복잡하다(그림 29). 공정은 크게 이물 제거, 전처리, 분쇄, 미세화, 포장으로 나눌 수 있다. 각종 이물질을 제거하는 것이 첫 단계의 목적이

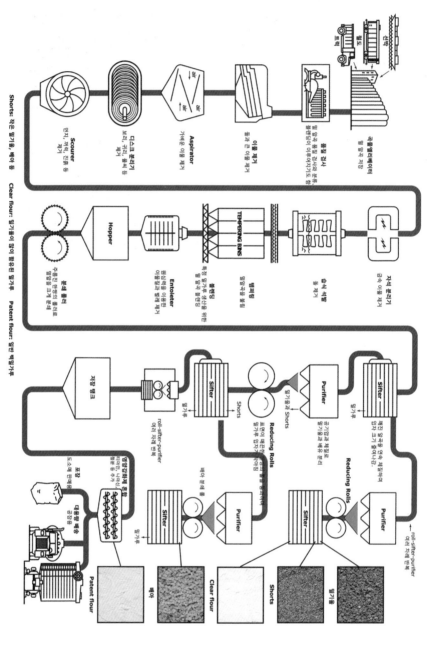

• [그림 29] 롤러밀 제분공정도 •

*출처: flour.com

다. 밀도, 바람, 충격, 자석 등을 이용하여 밀 수확과 운송 시 섞여 들어간 이물질을 제거한다. 전처리는 템퍼링이라고 하는 공정이다. 하루 정도 밀알을 물에 담가 둔다. 이 공정을 거치면 밀기울과 배유를 효과적으로 분리할 수 있다. 밀알이 물을 머금으면 밀기울은 뻣뻣해지는 반면, 배유는 부드러워져 배유와 밀기울이 잘 분리된다. 포도 한 알을 엄지와 검지로 잡은 후 두 손가락에 살짝 힘을 주면 포도알이 톡 터져 나오는 걸 상상하면 템퍼링의 원리를 이해하기 쉽다. 분쇄와 미세화가 롤러 제분 공정의 핵심이다. 분쇄는 주름진 한 쌍의 디스크로 밀알을 거칠게 깨는 공정이다. 밀기울과 배아를 배유와 분리하는 게 분쇄공정의 목적이다. 분쇄공정 후 체질을 통해 분리된 밀기울과 배아, 배유는 서로 다른 흐름으로 유도되어 입자 크기를 줄이는 미세화 공정을 거친다. 미세화 공정은 여러 단계로 진행되며 각 단계에서 밀가루가 나온다. 각 단계에서 나오는 밀가루의 종류는 〈그림 29〉와 같다. 우리가 흔히 쓰는 밀가루가 그림의 Patent flour이며, 밀기울 함량이 높은 밀가루는 Clear flour이다.

롤러 제분으로는 통밀가루, 백밀가루 등 모든 종류의 밀가루를 생산할 수 있다. 통밀가루는 백밀가루와 제분 공정 초기에 제거한 밀기울을 일정 비율로 섞어서 만든다. 이어서 맷돌 제분과 롤러 제분으로 만들어진 밀가루에 대해 알아보자.

# 3-2
# 밀가루의 분류

우리나라의 대표 농부 직거래 장터 마르쉐에서는 매년 햇밀장을 연다. 햇밀과 햇밀로 만든 음식을 판매하고 밀 관련 전시와 주제 강연을 연다. 전시와 강연 주제는 매년 다르다. 2022년 마르쉐 햇밀장 전시의 주제는 통밀과 제분이었다. 전시 준비를 위해 마르쉐팀과 한 논의의 시작은 통밀이 도대체 무엇이냐는 질문이었다. 백밀과 큰 차이를 찾을 수 없는 밀가루가 통밀이라는 이름으로 판매되고, 이런 '통밀'과 차별화하기 위해 전립분이라 이름을 붙인 밀가루도 있다. 상황이 이렇다 보니 소비자들은 헷갈린다. 빵을 직접 굽는 사람이라면 통밀이라 사긴 샀는데 통밀이 아닌 듯해 꺼림칙했던 경험이 다들 한 번쯤은 있을 것이다. 통밀가루에 대한 공식적인 기준이 없기에 이런 혼란은 앞으로도 계속될 것이다.

밀가루 분류기준만 바꾸면 통밀가루에 대한 혼란은 간단히 해결할 수 있다. 현재 우리나라 밀가루 분류기준인 등급제(1~3등급)와 단백질 함량에 따른 분류(박력, 중력, 강력)를 회분율에 따른 분류기준으로 바꾸면 된다. 기준을 바꾸는 게 어렵다면 기존에 사용하던 방식에 회분율만 추가해도 된다. 회분율 분석은 간단하니 시간도 비용도 그리 많이 들지 않는다. 이렇게 하면 '통밀'이니, '순통밀'이니, '전립분'이니 하는 말들은 더는 쓸모가 없어질 것이다.

회분율에 따른 밀가루 분류는 프랑스, 독일, 이탈리아, 네덜란드 등 서유럽 국가들이 광범위하게 채용하고 있다. 프랑스 밀의 분류기준을 한번 살펴보자. 밀가루는 회분율을 기준으로 T45~T150으로 분류한다. 회분율은 말 그대로 밀가루에 들어있는 재의 함량이다. 회분율을 측정하기 위해선 밀가루 시료를 고온에서 태운 후 남은 재의 무게를 잰다. 원 시료 질량 대비 재의 질량비가 바로 회분율이다. 고온에서 타지 않고 남아 있는 미네랄 성분이 재의 주성분이다.

밀 배유 중심부의 회분율이 약 0.35%이며, 밀 중심부에서 멀어질수록 증가한다. 특히 밀기울은 미네랄 성분이 풍부하기에 밀의 부위 중 회분율이 가장 높다. 따라서 회분율이 높을수록 밀기울의 함량이 높아질 것이고 이에 따라 통밀가루에 더 가까운 밀가루가 된다.

근데 통밀가루는 도대체 뭘까? 통밀가루는 밀알을 통째로 간 가루다. 밀알은 배유, 배아, 밀기울로 구성되어 있는데 이를 통으로 갈아 가루를 내면 통밀가루가 된다. 이렇게 간단하다. 근데 이게 말처럼 그리 간단하진 않다. 제분 방식 때문이다. 시중에 판매되는 밀가루 대부분이 롤러 방식으로 제분되는 게 문제의 시작이다.

아래 〈표 2〉는 회분율에 따른 프랑스 밀가루 분류기준이다. T55, T65 등이 보인다. 프랑스 밀가루로 빵을 구워봤다면 이미 익숙할 것이다. 회분율이 올라갈수록 T 다음의 숫자가 커진다. T45는 0.5%, T150 1.4%가 된다.

**표 2. 프랑스 밀의 분류기준**

| 밀가루 타입 | 회분율(%) | 제분율(%) | 비고 |
|:---:|:---:|:---:|:---:|
| T45 | <0.5 | 70 | 백밀 (farine blanche) |
| T55 | 0.5~0.6 | 73 | 백밀 (farine blanche) |
| T65 | 0.62~0.75 | 80 | |
| T80 | 0.75~0.90 | 85 | 회갈색밀 (farine bise) |
| T110 | 1.0~1.2 | 90 | 준통밀 (farine semi-complete) |
| T150 | >1.4 | 100 | 통밀 (farine complete) |

회분율과 함께 이 표에서 주목할 부분은 제분율 항목이다. 제분율은 밀가루의 수율을 의미한다. 100g의 밀 알곡을 제분했을 때 몇 g의 밀가루가 나오는지를 보여주는 수치이다. T45의 경우 제분율이 70%인데 반해 T150은 100%이다. 밀의 3가지 구성 성분 중 배유가 차지하는 비중이 약 83%이다. 나머지 14.5%가 밀기울, 2.5%가 배아다. T45의 제분율은 70%로 배유의 비중 83%보다 낮다. 즉 T45는 완전한 배유라는 의미다. 완전한 백밀이다. 이에 비해 T150의 제분율은 100%이다. 밀의 모든 구성 성분이 다 들어가 있는 통밀이다.

T45, T55, T65의 제분율이 80% 이하이니 배유만 제분한 밀가루이다. 이들 세 가지 타입을 백밀로 부르는 이유가 여기에 있다. T80, T110은 백밀과 통밀 사이 어딘가에 있는 밀가루로 각각 회갈색밀, 준통밀이라 부른다. T150은 통밀이라 부른다.

여기서 잠깐! 백밀을 왜 백밀이라 부를까? 백밀이 되는 배유의 색이 희기 때문이다. 반면, 밀기울은 색이 짙기에 밀기울 함량이 늘면 밀가루 색도 짙은 회갈색이 된다. 아주 간단하고 명료하다. 회분율은 우리에게 이미 익숙한 개념이다. 쌀도 백미와 현미가 있다. 백밀이 백미고, 통밀이 현미인 셈이다. 근데 현미에도 여러 등급이 있다. 5분도, 7분도 등인데, 이건 쌀겨(밀기울과 대응되는 층)를 몇 번 깎아냈느냐를 의미한다. 깎아내는 횟수가 늘면 백미가 된다.

회분율만 알면 그 밀가루가 백밀인지, 통밀인지, 백밀과 통밀 사이 어디에 있는지 판단할 수 있다. "어 이거 통밀이라 표기되어 있는데 하얀 게 왜 백밀 같지?"라는 헷갈림도 사라질 것이다. 전립분이라는 일본식 용어도 필요치 않다. 통밀이라는 좋은 말이 있는데 왜 전립분이라는 말을 써야 하는지 솔직히 잘 모르겠다.

# 3-3
# 제분 방식에 따른
# 밀가루 특성의 차이

마르쉐 햇밀장의 강연과 전시는 우리밀에 관한 정보에 목마른 우리밀빵 애호가나 우리밀로 빵을 굽는 베이커, 우리밀 제분소 사업자들에게 유용한 정보를 제공한다. 지난 10년간 축적된 정보의 양에 비례하여 햇밀장에서 제공하는 정보의 수준 또한 매년 높아지고 있다. 2022년 햇밀장을 위해 우리나라 밀 산업에서 중추적인 역할을 하는 국립식량과학원 밀연구팀에서 일련의 분석 데이터를 제공하였다. 제분 방식에 따라 밀가루 특성이 어떻게 달라지는지 보여주는 아주 흥미로운 자료다.

한 지역에서 생산된 밀을 서로 다른 제분소에서 제분한 후 밀가루 특성치를 분석하였다. 전북 부안지역에서 수확한 백강밀 햇밀을 분석에 사용하였다. 수입밀과 비교하기 위해 삼양사에서 제공한 강력, 중력, 박력 밀가루를 같이 분석하였다. 분석항목은 입자 크기, 회분율, 단백질 함량과 글루텐 단백질 함량 등 5가지이다. 총 5개 제분소가 분석에 참여하였다. 각 제분소와 제분 방식은 아래 〈표 3〉과 같다.

**표 3. 제분소 현황**

| 제분소 | 오가그레인 | 산아래제분소 | 대성팜 | 광의면우리밀 | 삼양사 |
|---|---|---|---|---|---|
| 제분방식 | 맷돌 | 핀크러셔 | 롤러 | 롤러 | 롤러 |
| 규모 | 소 | 소 | 중 | 중 | 대 |

분석결과는 무척 흥미롭다. 우선 입자 크기를 보자(그림 30). 입자 크기를 표현하는 지표는 여러 가지가 있으나 일반적으로 D50을 가장 많이 쓴다. D50은 평균값이 아닌 중위값이다. 입자를 가장 작은 입자로부터 큰 순서로 쭉 늘어놓았을 때 딱 가운데에 있는 입자의 크기이다. 같은 밀을 제분했지만 밀가루 입자 크기는 제분소에 따라 큰 차이를 보인다. 오가그레인의 밀가루 입자 크기가 가장 작고, 광의면우리밀의 밀가루 입자 크기가 가장 크다. 오가그레인 밀가루 입자 크기가 가장 작은 이유는 고운 입자를 만들기 위해 총 4개의 맷돌 제분기를 통과시키기 때문일 것이다.

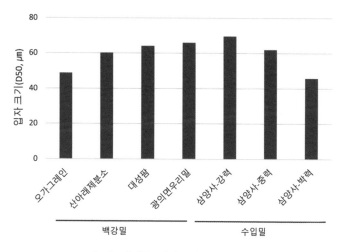

• [그림 30] 제분소에 따른 밀가루 입자 크기 •

삼양사의 3종 밀가루 입자 크기도 각각 다르다. 입자 크기는 강력분이 가장 크고, 중력분, 박력분 순으로 작아진다. 이는 밀가루 원료인 밀 알곡의 단단함의 차이로 인한 결과이다. 밀알이 단단할수록 밀가루 입자는 커진다. 반면 무른 밀알을 제분하면 밀가루 입자가 작다. 그리고 단단한 경질밀을 제분하면 강력분이 되고 무른 연질밀을 제분하면 박력분이 된다. 따라서 강력분은 경질밀을 갈기 때문에 중력분이나 박력분보다 입자가 크다. 삼양사의 강력, 중력, 박력분은 이런 원리를 보여주는 전형적인 예이다. 강력분을 손가락 사이에 올리고 비벼보면 가는 모래알처럼 딱딱한 입자가 느껴진다. 한 줌 잡고 꽉 움켜쥐면 잘 뭉쳐지지 않는다. 반면 박력분은 미세한 진흙 같은 질감이며 움켜쥐면 잘 뭉쳐진다. 이러한 특성을 이용하면 표기가 되지 않은 밀가루가 강력분인지 박력분이지 판별할 수 있다. 빵을 만들 때 덧가루로 강력분을 사용하는 것도 같은 이유 때문이다.

밀가루 입자 크기는 손상 전분 양과도 밀접한 관련이 있다. 일반적으로 같은 밀을 제분할 때 입자 크기가 작으면 작을수록 손상 전분이 늘어난다. 손상 전분을 같이 분석했다면 제분소 별 손상 전분 양의 차이도 같이 살펴볼 수 있을 텐데 분석결과가 없음이 참 아쉽다.

회분율 또한 흥미롭다(그림 31). 산아래제분소의 회분율이 0.92%로 가장 높고, 오가그레인 0.85%, 대성팜 0.60%, 광의면우리밀 0.53%, 수입밀로 제분한 삼양사의 강력분, 중력분, 박력분이 각각 0.4%, 0.43%, 0.38%이다. 앞서 소개한 회분율에 따른 프랑스 밀가루 분류 기준에 따르면 산아래제분소의 밀가루는 준통밀인 T110, 오가그레인의 밀가루는 갈색밀인 T80, 대성팜과 광의면우리밀의 밀가루는 T55, 삼양사의 밀가루는 3종 모두 T45에 해당한다.

회분율은 제분 방식에 직접적인 영향을 받는다. 핀크러셔와 맷돌 제분 방식은 밀 알곡을 통째로 갈아서 가루를 만든다. 회분율에 지대한 영향을 주는 밀기울이 가루에 더 많이 들어가는 걸 피할 수 없다. 입자가 큰 밀기울을 체로 쳐 제거하더라도 밀기울 일부가 가루에 남아 있기 때문이다. 반면, 롤러밀은 제분 초기 단계에서 밀기울을 제거하기 때문에 배유만으로 가루를 만들 수 있다. 따라서 회분율을 아주 낮은 수준으로 제어할 수 있다. 밀기울을 더 효율적으로 제거하기 위

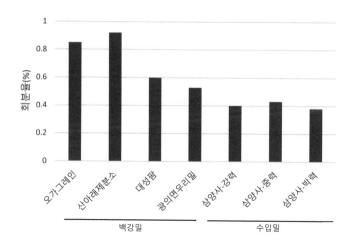

• [그림 31] 제분소에 따른 밀가루 회분율 •

해 롤러밀 공정엔 템퍼링이라는 공정을 둔다. 이 공정을 거친 밀알을 제분의 첫 번째 단계에서 롤러로 눌러주면 배유가 톡 터져 나와 밀기울과 분리된다. 물론 맷돌 제분에서도 템퍼링을 적용할 수 있으나 배유와 분리된 이후에도 밀기울은 맷돌 안에서 어느 정도는 갈리기 때문에 롤러밀처럼 밀기울을 깔끔하게 분리하지는 못한다.

단백질 함량과 글루텐 단백질 함량 또한 제분소와 제분 방식에 따라 차이가 난다(그림 32). 백강밀의 경우 산아래제분소 밀가루의 단백질 함량이 가장 높고 광의면우리밀 밀가루의 단백질 함량이 가장 낮다. 밀알의 바깥쪽으로 갈수록 함량이 높아지며, 밀기울에서 함량이 가장 높으므로 회분율이 높아지면 단백질 함량이 올라간다. 따라서 회분율

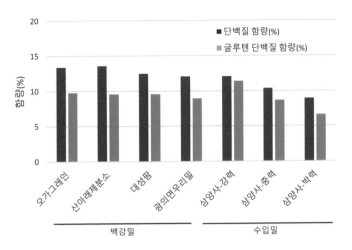

• [그림 32] 제분소에 따른 밀가루 단백질 함량과 글루텐 단백질 함량 •

이 가장 높은 산아래제분소 밀가루의 단백질 함량이 가장 높고 오가
그레인, 대성팜, 광의면우리밀 밀가루 순으로 단백질 함량이 낮아지
는 건 자연스러운 결과이다. 백강밀의 단백질 함량이 강력분보다 높
지만, 글루텐 단백질 함량은 강력분에 비해 낮다는 점 또한 흥미롭다.

빵맛의 비밀

# [제빵 노트] 맷돌 제분소 오가그레인

강화도 외진 곳에 오가그레인이 있다. 오가그레인은 국내 유일의 밀 맷돌 제분소다. 대기업 계열의 제분소 두세 곳에서도 맷돌 제분기를 운영하고 있긴 하다. 하지만 소형 제분소 중에는 오가그레인만이 맷돌로 밀가루를 내고 있다. 햇밀을 막 수확한 시기에 햇밀가루를 구하기 위해 오가그레인을 찾았다. 오가그레인의 첫인상은 그리 인상적이진 않았다. 샌드위치 패널로 지은 건물은 제분소라기보다는 작은 공장 같았다. 오가그레인이라 적힌 작은 간판을 보지 못했다면 차를 돌렸을 것이다. 백구 두 마리의 격렬한 환영을 받으며 차에서 내리니 공장문을 열고 인상 좋게 생기신 남자분이 나오신다. 오가그레인의 우기성 대표님이다. 우 대표님과는 구면이다. 2020년 마르쉐 햇밀장에서 짧게 인사를 나누었고 그 이후 몇 번 전화 통화를 했었다.

오가그레인OrgaGrain은 유기농을 뜻하는 organic의 앞글자 orga와 grain을 합성하여 만든 이름이다. 건강한 흙에서 재배하는 건강한 곡물과 곡물을 온전히 담아낸 밀가루를 추구한다는 의미를 담았다고 한다. 우 대표님은 2014년 제분업에 관심을 갖게 된 후 3년의 준비 과정을 거쳐 2017년에 제분소를 열었다. 맷돌 제분을 공부하고 맷돌 제분기를 제작하는 데 3년이 걸렸다.

시간을 오래 쏟은 만큼 오가그레인의 맷돌 제분기는 특별하다. 우 대표님은 오가그레인 맷돌 제분의 특징을 세 가지로 정의하였다. 첫째,

현무암으로 만든 맷돌, 둘째, 저속 저온 제분 방식, 마지막으로 5단계 연속식 제분 방식이다. 상업적으로 제작·판매되는 맷돌 제분기는 오스트리아, 미국, 러시아, 독일 등지에서 제작되고 있다. 일반적으로 화강암이나 인조석을 맷돌 재료로 사용한다. 예전에 가정마다 사용하던 손으로 돌리던 맷돌도 대부분 화강암으로 만들었다. 현무암 맷돌로 결정하기까지 맷돌 재료에 대해 많이 고민했다고 한다. 자연스러운 맷돌을 추구하기에 인조석은 애초에 고려 대상에서 제외했다. 화강암은 너무 단단해 제분하는 동안 윗돌과 아랫돌이 부딪치면서 깨지고 밀가루에 돌가루가 들어가는 단점이 있다. 현무암은 단단하긴 하지만 깨지지 않는다. 하지만, 현무암은 구멍이 숭숭 나 있다는 약점이 있다. 이 문제는 철원 현무암을 사용함으로써 해결할 수 있었다. 철원에서 나는 현무암은 제주 현무암보다 구멍이 작다고 한다.

제분 시 발열 현상은 밀가루의 품질에 많은 영향을 준다. 밀가루 온도가 지나치게 높아지면 밀가루에 있는 아밀라아제 등 효소가 비활성화되고 밀가루의 산패가 진행되니 밀가루 온도를 조절하는 게 중요하다. 롤러 제분은 공정 간 밀가루 이송을 위해 공기를 사용하므로 발열 문제를 비교적 쉽게 해결할 수 있다. 우 대표님은 낮은 맷돌 회전수로 열 발생 문제를 해결하였다. 이것이 저속·저온 제분이다. 맷돌 회전수는 분당 30~40회이다. 아주 느린 속도다. 이렇게 느리게 맷돌을 돌려도 한여름에는 밀가루 온도가 40℃이상 올라간다고 한다. 에어컨을 가동해서 밀가루 온도가 42℃를 넘지 않도록 하고 있다.

5단계 연속 제분으로 입자가 고운 밀가루를 생산한다. 이를 위해 5개의 맷돌을 사용한다. 첫 번째, 두 번째, 세 번째 맷돌에 체를 설치하여 밀가루 입자 크기를 조절한다.

2023년 10월 오가그레인은 경기도 양평에 새 둥지를 틀었다. 밀 농업과 가공산업을 키워보려는 양평군의 적극적인 구애의 결과이다. 또한, 국립식량과학원의 국산밀 전용 제분시설 지원사업에 선정되어 2024년 롤러 제분 공장도 설립할 계획이다. 오가그레인의 앞으로의 행보가 기대된다.

## [제빵 노트] 쌀빵이 건강빵?

쌀로 만든 빵이 건강빵이라 한다. 특히, 요즘 비건을 지향하는 빵 중 쌀빵이 많이 보인다. 《밀가루 똥배》라는 책에서 윌리엄 데이비스 박사가 밀가루는 만병의 근원이라고 낙인찍은 탓에 밀이 아닌 쌀빵이 건강빵이라는 주장이 나온 듯하다. 쌀에는 수많은 문제를 일으키는 글루텐이 없으니 쌀빵이 건강빵이라는 주장일 것이다. 박사 주장의 옳고 그름은 논외로 하더라도 쌀빵이 건강빵이라는 주장엔 허점이 많다. 쌀빵을 구울 때 주로 사용하는 가루가 강력 쌀가루다. 이 쌀가루의 성분표를 보면 쌀가루 함량은 고작 73%다. 나머지 성분은 글루텐, 팜유, 덱스트린, 변성전분, 설탕, 포도당, 아밀라아제이다. 글루텐 이외의 재료들은 그 양이 미미할 테니 글루텐 비율이 18% 정도일 것이다. 이를 단백질로 환산하면 약 22%가 된다. 초강력 밀가루의 단백질 함량이 13~15%이니 이 강력 쌀가루는 강력이 아니라 '초초초강력'쯤 된다. 더군다나 이 쌀가루의 품목제조번호 옆엔 밀 함유라고 떡 하니 적혀있다. 글루텐이 들어있는 밀이 안 좋으니 쌀가루로 빵을 굽는다고 해놓고선 글루텐 함량이 밀가루보다 오히려 더 높은 쌀가루를 쓴다. 심지어 그런 빵이 건강빵이다.

# 3-4

# 밀가루 품질기준

  밀가루의 품질기준을 소개하면서 밀과 밀가루 이야기를 마무리할
까 한다. 밀가루 품질기준은 분석 기술 발달에 따라 달라졌다. 19세기
에는 간단한 분석으로 평가할 수 있는 수분율, 회분율, 단백질 함량을
품질기준으로 삼았다. 이들 기준은 분석은 간단하나 밀가루의 제빵
특성을 평가하기엔 부족함이 많았다. 2차 대전 후에는 밀가루의 점탄
성이 주요 품질기준으로 부상하였고, 분석결과는 밀가루 특성의 일관
성을 유지하는 데 큰 역할을 하였다.

  밀가루의 점탄성 특성을 분석하는 기술은 익스텐소그래프, 아밀로
그래프, 파리노그래프, 알베오그래프를 거쳐 믹소그램으로 진화하였
다. 믹소그램은 한 번의 분석으로 밀가루의 제빵 특성을 좌우하는 단

백질과 전분의 특성을 동시에 분석할 수 있다는 장점이 있다. 전형적인 분석결과는 〈그림 33〉과 같다. 밀가루의 흡수율, 글루텐 구조의 강도, 전분 호화 특성, 고온에서 전분의 안정성, 냉각 단계에서 전분 노화 등의 특성을 단 한 번의 시험으로 모두 분석할 수 있다.

밀가루의 프로파일을 작성할 수 있다는 점 또한 믹소그램의 장점이다. 흡수율, 치대기에 대한 반죽의 안정성, 글루텐 강도, 점도, 아밀라아제 활성도, 전분 노화 등 6가지 특성으로 밀가루 프로파일을 분석할

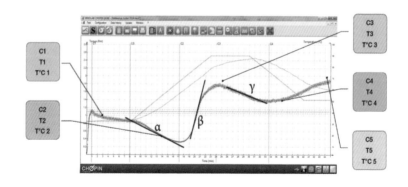

| 지점 | 분석 내용 | 관련 인자 | |
|---|---|---|---|
| C1 | 흡수율 | $T°C1$, T1 | |
| C2 | 글루텐 구조의 강도 | $T°C2$, T2 | 해당 지점에서 반죽의 온도와 시간 |
| C3 | 전분 호화 | $T°C3$, T3 | |
| C4 | 고온에서 전분 안정성 | $T°C4$, T4 | |
| C5 | 냉각 단계에서 전분 노화 | $T°C5$, T5 | |

• [그림 33] 믹소그램 분석 그래프와 평가 인자[33] •

빵맛의 비밀

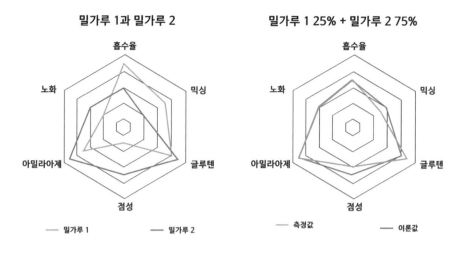

**밀가루 1과 밀가루 2**

흡수율

노화 　　　　 믹싱

아밀라아제 　　　　 글루텐

점성

―― 밀가루 1　　　―― 밀가루 2

**밀가루 1 25% + 밀가루 2 75%**

흡수율

노화 　　　　 믹싱

아밀라아제 　　　　 글루텐

점성

―― 측정값　　　―― 이론값

· [그림 34] 믹소그램이 제공하는 프로파일 ·

수 있다(그림 34). 밀가루 사용 용도에 따라 목표 프로파일을 정하고 분석 대상인 밀가루가 목표 프로파일을 만족하는지 분석함으로써 밀가루 블렌딩에 큰 도움을 받을 수 있다.

밀과 밀가루, 그리고 밀가루의 제빵 특성에 대해 알아보았다. 밀알의 숙명은 인류의 먹거리가 되는 데 있지 않다. 싹을 틔워 새로운 생명을 키우는 데 있다. 밀알에 있는 전분과 단백질은 밀이 후대를 위해 준비해 둔 먹이다. 인류가 우연한 기회에 밀의 전분과 글루텐 특성을 발견함으로써 밀은 새로운 밀 개체가 아니라 빵이 되었다. 이제 빵맛과 풍미에 결정적인 영향을 주는 두 가지 제빵 공정을 파보자. 발효와 굽기다. 우선 발효에 대해 알아보자.

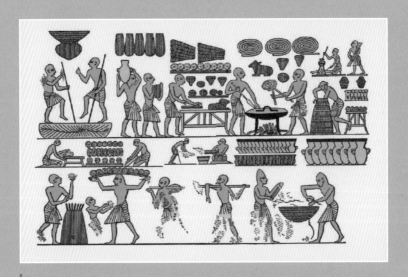

**고대의 제빵 과정.** 고대 이집트 파라오 무덤 벽화 중 제빵 과정을 묘사한 그림이다. 맨 위 그림에서 두 사람은 빵을 반죽하고(왼쪽), 테이블 위에서 반죽을 성형(가운데)한 후 굽고 있다(오른쪽). 빵굽는 방법 두 가지가 묘사되어 있다. 코일처럼 감긴 빵은 달궈진 판 위에 직접 굽고, 성형한 반죽은 항아리처럼 생긴 화덕에서 굽는다. 항아리 모양의 화덕은 서남아시아에서 난을 굽는데 쓰는 탄두르 화덕의 원형이다.

출처: 람세스 3세 무덤 벽화

# 제2부

# 빵 발효
## (醱酵, fermentation)

제빵공정은 빵맛과 풍미에 큰 영향을 준다. 제2부는 빵 발효의 두 가지 방법, 즉
전통적인 발효법인 르방 발효와 최신 기술인 제빵효모 발효를 다룬다. 최근 인
기를 더해가고 있는 르방빵(천연발효종빵)에 있는 미생물과 유산균의 유형과
특성, 스타터 관리 기술 등을 소개한다. 또 빵맛과 빵의 특성에 지대한 영향을
미치는 미생물과 미생물의 대사작용 설명에 많은 지면을 할애했다.

# 4장
## 르방

# 4-1

# 르방(사워도우 sourdough, 천연발효종)이란

르방은 베이커들이 수천 년간 사용해 온 전통적인 빵 발효제이다. 비가, 풀리쉬와 같이 빵 반죽에 사용할 가루 일부를 미리 발효시킨 사전 반죽이다. 제빵효모로 발효한 비가, 풀리쉬와 달리 르방은 밀가루와 물을 섞어 7일 이상 미생물(유산균과 효모)을 배양한 것이다. 르방, 사워도우, 천연발효종 등으로 부른다. 앞으로 르방이라는 용어를 사용할 것이다. 르방을 처음 사용한 건 고대 이집트인으로 알려져 있다. 피라미드를 지은 고대 이집트인들은 제공한 노동의 대가로 맥주와 빵을 받았다. 이들에게 지급된 빵이 르방빵이었다. 지금으로부터 약 4,500년 전의 일이다. 르방은 우연히 발견되었다. 제빵사가 빵을 굽기 위해 해놓은 반죽 일부를 굽는 걸 잊었다. 며칠이 지나 반죽을 발견했을 때 반죽은 기포로 가득 차 있었다. 반죽에서는 향긋한 과일 향과 부드러운 요구르트 향이 났다. 버린다고 생각하고 화덕에 넣고 구워보니 봉긋하게 부푼 빵이 나왔고, 빵을 뜯어 먹어보니 폭신한 게 식감도 좋고 풍미도 좋았다. 그때부터 베이커는 반죽을 며칠간 놔두었다가 새 반죽에 더해 빵을 굽기 시작했다. 최초의 발효빵의 유래에 관한 이야기는 대략 이렇다.

그럼 제빵사가 잊고 있던 그 반죽에선 대체 무슨 일이 일어난 걸까? 비밀은 미생물에 있다. 반죽 안에선 유산균과 효모가 빠르게 증식하였다. 높은 온도에서 잘 자라는 미생물에게 이집트의 높은 기온은 빠르게 증식하는데 유리한 환경을 제공하였다. 밀가루와 물이 섞인 반죽에서는 아밀라아제가 밀가루의 전분을 당분으로 분해했고, 유산균과 효모는 이 당분을 먹고 이산화탄소를 대사산물로 뿜어냈다. 그 결과 반죽이 부풀어 올랐다. 향긋한 발효 향도 은은하게 풍겨 나왔다. 유산균과 효모가 내놓은 에탄올, 젖산 등 유기산과 각종 풍미 성분이 내는 향이었다. 눈이 밝은 제빵사는 반죽의 변화를 눈치챘고, 호기심이 발동해 반죽을 화덕에 던져넣었다. 이 반죽은 인류 최초의 발효빵이 되었다. 인류 최초의 발효빵은 따뜻한 곳에 놓인 반죽 속에서 폭발적으로 늘어난 유산균과 효모로 발효한 르방빵이었다.

르방은 여러 종류의 유산균과 효모가 조화를 이루며 살아가는 하나의 작지만 복잡한 생태계이다. 이 생태계는 지구에 존재하는 다른 생태계와 마찬가지로 안정하지만, 여러 요인에 의해 변하기도 한다. 안정화된 르방에서는 특정 효모와 유산균이 발견된다. 르방에서 발견되는 대표적인 효모로는 Saccharomyces cerevisiae, Kazachstania exigua, Kazachstania humilis(이전 학명은 Candida humilis), Pichia kudriavzevii, Torulaspora delbrueckii, Wickerhamomyces anomalus가 있다. 유산균은 주로 이상발효 유산균(heterofermentative LAB)으로 70여 종이 보고되었다. 대표적인 유산균 종으로 Fructilactobacillus sanfranciscensis(이전 학명은 Lactobacillus sanfranciscensis), Lactobacillus fermentum, Lactobacillus plantarum, Lactobacillus brevis, Lactobacillus reuteri, Lactobacillus pontis, Lactobacillus rossiae, Leuconostoc citreum, Weissella cibaria가 있다.

안정화한 르방 안에는 서로 궁합이 잘 맞는 효모와 유산균이 공존한다. 이들이 공존할 수 있는 건 상대의 대사산물에 영향을 받지 않기 때문이다. 유산균은 효모의 대사산물인 에탄올에 대한 내성이 있고, 효모는 유산균의 대사산물인 젖산과 초산에 잘 견딘다. 에탄올과 젖산, 초산은 다른 미생물에 치명적인 독성 물질이다. 에탄올은 대표적인 살균제다. 세포벽이 얇은 세균에게 에탄올은 치명적이다. 코로나19 바이러스가 창궐했을 때 수시로 사용하던 손 소독제의 주성분이 바로 에탄올이다. 에탄올을 솜에 묻혀 주사 맞을 부위를 닦아내는 것 또한 살균, 즉 세균을 죽이기 위한 것이다. 유산균은 젖산과 초산을 생성하여 pH가 낮은 산성 환경을 조성함으로써 경쟁자인 세균과 곰팡이가 먹이에 접근하는 걸 차단한다. 김치 등 발효음식이 오랫동안 보관되는 건 젖산이 만든 산성 환경 탓이다. 여기 맛있는 아이스크림을 들고 있는 아이가 있다. 아이 주위에선 다른 아이들이 아이스크림을 빼앗아 먹을 기회를 호시탐탐 노리고 있다. 아이스크림을 들고 있는 아이는 아이스크림에 냅다 침을 발라 버린다. 이 모습을 본 다른 아이들은 빼앗아 먹는 걸 포기한다. 에탄올과 젖산, 초산이 하는 역할이 이와 다르지 않다. 다른 점이 있다면, 먹이를 두고 경쟁하는 다른 미생물의 생명을 위협하는 치명적 독성을 가지고 있다는 것이다.

르방 안에서 공존하는 미생물은 먹이를 놓고 서로 경쟁을 벌이지 않는다. 맥아당을 좋아하는 유산균은 자당이나 포도당을 좋아하는 효모와 공생하고, 포도당이나 과당을 좋아하는 유산균은 맥아당을 좋아하는 효모와 공생하는 식이다. 먹이를 두고 경쟁하지 않는 것을 넘어 상대방의 먹이를 대사산물로 내놓기도 한다. 유산균 Fructilactobacillus sanfranciscensis(이하 F.sanfranciscensis)는 맥아당을 분해하여 포도당을 생성한다. 포도당은 효모의 먹이가 되니, 유산균이 효모의 먹이를 만들어 주는 셈이다. 효모가 가지고 있는 아밀라아제 효소는 밀 전분을 맥아당으로 분해한다. 유산균은 이 맥아당을 먹이로 취한다. 공생하는 유산균과 효모의 대표적인 예는 〈표 4〉와 같다.

표 4. 안정화된 르방에 공생하는 유산균과 효모의 예

| 유산균 | | 효모 | |
|---|---|---|---|
| 종 | 먹이 | 종 | 먹이 |
| F.sanfranciscensis | 맥아당 | K.exigua | 포도당, 과당, 자당 |
| F.sanfranciscensis | 맥아당 | K.humilis | 포도당, 과당, 자당 |
| F.sanfranciscensis | 맥아당 | K. barnettii | 포도당, 과당, 자당 |
| L. plantarum | 포도당, 과당 | S. cerevisiae | 맥아당 |

L. plantarum: Lactobacillus plantarum, K. exigua: Kazachstania exigua,
K.humilis: Kazachstania humilis, K. barnettii: Kazachstania humilis,
S. cerevisiae: Saccharomyces cerevisiae

  안정화된 르방에 사는 유산균과 효모의 개체 수는 엄청나다. 르방 1g에 유산균 1억~10억 개, 효모 100만~1,000만 개가 산다. 전 세계 인구수가 약 80억 5,000만이니 르방 1g에 전 세계 인구의 12.5%가 살고 있는 것이다. 르방 내 유산균과 효모 개체 수만큼이나 둘 간의 비율도 중요하다. 안정화된 르방 내 유산균과 효모 개체 수의 비율은 10:1~100:1이다.

# 4-2

# 샌프란시스코 지역의
# 사워도우에만 있는 미생물이 있다?

1848년 샌프란시스코 북쪽 언덕에서 제임스 마샬James W. Marshall이 금을 발견했다. 이 소식은 삽시간에 미국 전역으로 퍼졌고, 수많은 사람이 일확천금의 꿈을 안고 서부로 몰려들었다. 서부 개척 시대의 시작이었다. 르방을 논하다가 뜬금없이 무슨 서부 개척 시대 타령이냐고? 그 유명한 샌프란시스코 사워도우빵을 소개하기 위해서다. 샌프란시스코 사워도우빵은 서부 개척 시대 금을 캐던 광부들이 주식으로 먹던 빵이다. 금을 캐러 서부로 온 이들을 따라 베이커들도 서부로 왔다. 대부분 사람의 가슴에 일확천금의 꿈이 있었다면, 베이커들의 품 안엔 빵 반죽을 발효시킬 사워도우 스타터가 있었다. 이들은 스타터를 따뜻하게 하려고 잠을 잘 때도 품에 품고 잤다고 한다. 오죽했으면 이들 몸에서 사워도우빵 냄새가 난다고 "사워도우"라는 별명이 생겼으랴. 미국에서 샌프란시스코와 함께 사워도우빵으로 유명한 곳이 한 군데 더 있다. 바로 알래스카다. 알래스카가 사워도우빵으로 유명한 것도 골드러시와 관련이 있다.

금광을 찾아 떠난 이들 중 상당수는 유럽에서 온 이민자들이었다. 프랑스, 독일, 아일랜드 출신이 대다수였다고 한다. 이들 중 프랑스, 독일 출신의 이민자들은 주식으로 르방빵을 먹었다. 물론 그들이 먹던 빵은 유럽에 있는 고향에서 만들어 먹던 빵의 전통을 그대로 따른 것이다. 그러니 사워도우 스타터는 유럽의 전통적인 르방인 스티프 르방이라고 추정할 수 있다. 사워도우 스타터를 가슴에 품고 살았다는 사실 또한 스타터가 수분율이 낮은 스티프 르방이었음을 반증한다. 천으로 감싸 마 끈으로 단단히 동여맨 스티프 르방이 아닌 줄줄 흐르는 리퀴드 르방이었다면 품에 품고 있을 순 없었을 것이다.

샌프란시스코 사워도우빵이 특별한 빵으로 세계적인 명성을 얻게 된 데는 미국 농무부 연구원인 수기하라Frank Sugihara 등의 공이 크다[34,35]. 이들은 샌프란시스코 사워도우빵만의 특별한 맛과 풍미의 비결이 궁금했다. 그 비결이 사워도우 스타터에 있는 특별한 미생물에 있다는 가설을 세웠다. 샌프란시스코에 있는 다섯 개의 빵집에서 사워도우 스타터를 수집, 분석한 결과 효모 2종과 유산균 균주 1종을 발견했다. 효모는 saccharomyces exiguus(지금은 Kazachstania exigua라고 부른다)와 saccharomyces inusitatus였다. 또한, 그때까지 학계에 보고된 적이 없는 유산균 균주를 발견했다. 이들은 이 유산균 균주가 샌프란시스코에만 있다고 믿었으며, 도시의 이름을 따 샌프란시스코 유산균(Lactobacillus sanfranco)이라 명명했다. 그 후 이 유산균의 이름은 Lactobacillus sanfranciscensis로 한 번 더 바뀌었고, 지금은 F. sanfranciscensis라고 부른다.

이 연구는 르방 내 미생물에 대한 세계 최초의 체계적인 연구였다. 이후 르방 미생물에 관한 연구가 폭발적으로 늘어나게 한 기폭제가 되었다. 다양한 연구 결과 덕에 미생물 생태계에 대한 이해의 폭도 넓어졌다. 두 연구자의 연구 결과 몇 가지를 소개해 본다. 르방에서 사는 미생물의 생리적 특징과 빵에 미치는 영향을 이해하는 데 도움이 될 것이다.

첫째, 르방엔 앞서 언급한 두 종류의 효모와 한 종류의 유산균이 존재한다. 하지만 대표적인 제빵효모인 사카로미세스 세레비지에는 발견되지 않았다. 〈그림 35〉는 연구자들이 촬영한 르방 미생물 사진이다. 짧은 막대 모양의 미생물이 F. sanfranciscensis 유산균이고, 둥근 것이 효모이다.

둘째, 효모와 유산균은 상대방이 배출하는 독성 물질에 내성이 있

빵맛의 비밀

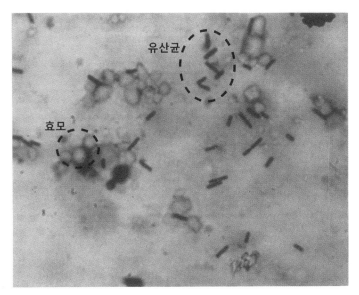

• [그림 35] 샌프란시스코 사워도우 스타터에서 검출된 효모와 유산균 •

다. 효모는 에탄올, 유산균은 젖산과 초산을 대사산물로 내놓는다. 이
들 대사산물은 먹이를 독차지하기 위해 생성하는 물질로 다른 미생물
의 생명에 영향을 줄 수 있는 독성이 있다. 하지만 효모는 젖산과 초
산에 내성이 있고, 유산균은 에탄올에 내성이 있어 서로의 독성 물질
에 영향을 받지 않고 르방 안에서 공존할 수 있다. 물론 독성 물질이
일정 농도 이하일 때의 이야기이다. 셋째, 효모와 유산균은 서로의 먹
이를 탐하지 않는다. 아래 〈표 5〉에서 보는 바와 같이 효모는 포도당,
자당, 과당, 맥아당 등 다양한 당을 먹이로 취한다. 반면, 유산균은 주
로 맥아당을 먹는다.

표 5. 효모와 유산균이 선호하는 당분 종류

| 미생물 | | 당류 | | | | | |
|---|---|---|---|---|---|---|---|
| | | 포도당 | 자당 | 맥아당 | 과당 | 갈락토스 | 라피노스 |
| 효모 | K. exigua | + | + | − | + | + | + |
| | S.inusitatus | + | + | + | + | − | + |
| 유산균<br>(F. sanfranciscensis) | | − | − | + | − | − | − |

+: 증식함, −: 증식하지 않음

넷째, 효모와 유산균은 온도에 많은 영향을 받는다. K. exigua는 37℃에서는 성장하지 않는다. 유산균은 31℃에서 활동이 가장 왕성하지만, 13℃와 37℃에서 활동성이 현저히 떨어지며, 45℃에서는 활동하지 않는다. F. sanfranciscensis의 최적 생육 온도는 31℃이다.

수기하라 등의 연구는 샌프란시스코 사워도우빵은 특별하다는 점을 이론적으로 증명해 주었다. 또한, 르방은 즉, 르방에 있는 미생물은, 지역마다 다르다는 주장에 힘을 실어줬다. 이런 주장을 하는 대표적인 베이커리가 샌프란시스코에 있다. 샌프란시스코 사워도우빵의 원조라 자칭하는 보딘 베이커리Boudin Bakery다. 이 베이커리는 샌프란시스코 이외의 지역에 지점을 여러 개 가지고 있고, 몇 주에 한 번씩 이들 지점으로 사워도우 스타터를 보낸다고 한다. 미생물은 지역에 따라 다르다. 따라서 샌프란시스코 이외의 지점에 있는 사워도우 스타터 내의 미생물은 시간이 지남에 따라 그 지역 특유의 미생물로 바뀔 수 있다. 주기적으로 본점의 스타터를 보내는 건 본래의 미생물 군집을 유지해서 샌프란시스코 사워도우빵 본연의 맛을 보존하기 위함이라고 한다.

우리 지역에만 있는 특별한 미생물로 발효한 특별한 빵이라는 주장은 참 낭만적일 뿐만 아니라 듣는 이가 혹할 만큼 매력적이다. 베이커리의 광고문구로 활용하기에도 아주 좋은 서사이다. 여기에 수십 년 또는 수 세대에 거쳐 전해져 내려오는 전통 있는 르방이라는 서사와 합쳐지면 그 효과는 극대화된다. 보딘 베이커리가 대표적인 사례이다. 하지만 안타깝게도 최근 이런 주장을 뒤집는 연구 결과들이 속속 발표되고 있다. 샌프란시스코에만 있다고 믿었던 F. sanfranciscensis가 프랑스, 독일, 이탈리아, 벨기에, 아일랜드, 스웨덴, 그리스, 모로코, 중국 등 세계 곳곳의 르방에서 발견되었다[36,37]. 우리나라에서도 이 유산균이 발견된다[38]. 밀로 만든 누룩에서 이 유산균을 분리해냈다. 그럼 고대 이집트의 제빵사가 호기심으로 구운 최초의 르방빵에도 이 유산균이 있었을까? 이 유산균들은 도대체 어디서 오는 걸까?

## [제빵 노트] 르방과 사워도우는 다른가?

르방을 프랑스어로는 르방이라고 부르고 영어로는 사워도우라고 부른다고 앞서 소개했었다. 인터넷을 검색하다 보면 르방과 사워도우는 다르다는 글을 볼 수 있다. 르방은 글루텐이 약한 프랑스산 밀로 발효시킨 수분율이 낮은 스티프 르방인 반면, 사워도우는 글루텐이 강한 미국산 밀로 발효시킨 수분율이 높은 리퀴드 르방이기에 서로 다르다는 주장이다. 또한, 사워도우빵이 유명한 샌프란시스코의 독특한 환경, 즉 태평양에서 만들어진 높은 습도로 인해 이 지역 사워도우에는 여기에만 있는 고유의 효모와 유산균이 자란다. 따라서 샌프란시스코의 사워도우빵은 프랑스의 르방빵과는 전혀 다른 맛이 난다고 한다.

정말 그럴까? 우선 두 번째 주장은 근거가 없음을 앞에서 소개한 바 있으니 더는 언급하지 않겠다. 첫 번째 주장은 반은 맞고 반은 틀렸다. 르방빵은 전통적으로 스티프 르방으로 발효했다. 이건 프랑스나 미국이나 매한가지였다. 미국에서 사워도우빵을 처음 구운 이들은 유럽 이민자였기 때문에 어쩌면 당연한 일이다. 1978년에 발표된 논문에 당시 샌프란시스코 지역에서 굽던 프랑스빵은 스티프 르방으로 발효했다는 사실이 나와 있다[39]. 당시 사용하던 르방의 수분율은 50%였다. 요즘은 어떨까? 미국 사워도우빵의 발상지답게 샌프란시스코에는 유명한 빵집들이 즐비하다. 앞서 소개한 보던 베이커리는 샌프란시스코 사워도우빵의 원조라고 주장한다. 이 빵집의 홍보문구는

빵맛의 비밀

"1849년부터 써온 사워도우 스타터로 빵을 발효한다"이다. 샌프란시스코에서 금광이 최초로 발견된 이듬해부터 사용해 온 것이다. 여기서 사용하는 사워도우 스타터 또한 〈그림 36〉과 같이 수분율이 낮은 스티프 르방이다. 홍보문구가 사실이라면 1849년부터 지금까지 쭉 스티프 르방을 써온 것이다.

• [그림 36] 보딘 베이커리의 스티프 르방 스타터 •
*출처: https://slicesofbluesky.com/piece-of-gold-rush-fresh-from-oven/

하지만 타르틴 베이커리Tartine Bakery, 더밀The Mill 등 샌프란시스코를 대표하는 다른 빵집에선 리퀴드 르방을 사용한다. 이들이 리퀴드 르방을 사용하는 건 1990년대 프랑스에서 사용하기 시작한 리퀴드 르방을 배워왔기 때문일 것이다. 채드 로버트슨은 1990년대에 프랑스 여러 지역의 빵집에 머물며 프랑스빵을 배웠다. 아마도 그때 프랑스에서 급속히 퍼져나가던 리퀴드 르방을 접했을 것이다. 2000년대 초반 미국으로 돌아와 샌프란시스코에 타르틴 베이커리를 열었다. 리퀴드 르방을 이용한 사워도우빵을 굽기 시작했다.

미국산 밀가루가 프랑스산 밀가루보다 글루텐 형성 단백질 함량이 높아서 같은 수분율로 르방을 만들면 르방이 훨씬 단단해진다. 즉, 미국산 밀가루를 쓰면 스티프 르방을 만들기가 더 어렵다는 뜻이다. 이런 밀가루의 특성을 고려하여 수분율을 높인 리퀴드 르방을 사용하게 되었을 가능성 또한 배제할 수 없다. 결국, 샌프란시스코에서도 스티프 르방을 쓰는 빵집도 있고 리퀴드 르방을 쓰는 빵집도 있다는 말이다. 이는 프랑스도 마찬가지이다. 소규모 빵집에서는 주로 전통적인 스티프 르방을 사용하지만, 대규모 빵집에서는 대부분 리퀴드 르방을 사용하고 있다고 보면 된다.

프랑스 밀가루를 쓰는 프랑스의 르방은 미국 밀가루를 쓰는 사워도우와 다르다는 건 억지스러운 주장이다. 물론 어떤 밀가루를 쓰느냐에 따라 르방 미생물 군집이 달라질 수는 있다. 이런 이유로 프랑스 밀가루를 쓰는 것과 미국 밀가루를 쓰는 것이 다른 것이라고 한다면, A 프랑스 제분소의 밀가루로 만든 걸 르방이라고 부르면 프랑스 제분소 B의 밀가루로 만든 건 르방이라고 부를 수 없는 걸까?

# 4-3

# 르방의 미생물은 어디서 올까?

**곡물 따라 유산균 종류가 다르다**

르방빵은 제빵효모빵과 비교하면 여러 가지 장점이 있다. 그중 대표적인 것이 베이커 자신만의 빵을 만들 수 있다는 점이다. 나만의 빵을 다양한 관점에서 정의할 수 있겠지만 여기서는 주로 풍미의 관점에서 살펴보려고 한다. 다른 빵과 구별되는 풍미를 내는 자신만의 빵을 만들기 위해선 자신만의 르방이 필수적이다. 또한, 자신만의 르방을 갖는다는 건 르방 안에서 자신만의 미생물 군집을 키워낸다는 의미이다.

그럼 나만의 르방에 있는 미생물은 어디에서 오는 걸까? 르방에 사용하는 가루, 베이커의 몸, 물, 그리고 주변 환경에서 온다고 추측해 볼 수 있다. 미생물이 르방을 만드는 데 사용하는 가루에서 오는 건 당연하다. 이를 증명하는 많은 연구 결과가 있다. 이 중에서 특히 쥬세페 페리Giuseppe Perri 등[40]의 연구 결과가 인상적이다. 이들은 밀, 보리, 병아리콩, 렌틸콩, 퀴노아에 붙어 있는 미생물을 분석하였다. 또한, 발아가 미생물 변화에 미치는 영향을 분석하기 위해 16.5℃에서 24~120시간 동안 발아한 후 같은 방법으로 분석하였다.

분석결과 가루 1g당 유산균 개체 수는 $10^3$~$10^6$개[18]이었고, 발아 후에 발아 전보다 100~1,000배 증가하였다. 가루 1g당 효모의 개체 수는 $10^{1.5}$~$10^2$개였고, 발아 후에 발아 전보다 10배 정도 증가하였다. 〈그림 37〉에 곡물 종류별 유산균과 효모의 개체 수를 표시하였다. 안정화된 르방 1g에 있는 유산균의 개체 수가 $10^9$~$10^{10}$임을 생각하면 곡물 자체에 있는 유산균의 개체 수는 안정적인 르방에 있는 개체 수의 100만~1,000만분의 1 수준에 불과하다. 안정화된 르방 1g에 있는 효모 개체 수 $10^6$~$10^7$에 비교하면 곡물 자체에 있는 효모 개체 수는 안정화된 르방 내 개체 수의 1,000~10,000분의 1 수준이다.

---

18] CFU(Colony Forming Unit)는 균총 형성 단위이며, 분석 대상 1g 안에 있는 미생물 개체 수이다. 보통 상용로그로 표시한다.

빵맛의 비밀

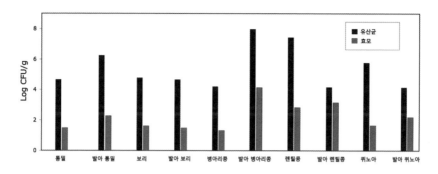

• [그림 37] 밀, 보리, 병아리콩, 렌틸콩, 퀴노아의 발아 전후 유산균과 효모 개체 수 •

표 6. 곡물에서 검출된 유산균의 종류

| 곡물 종류 | 유산균 종류 |
|---|---|
| 밀 | Pediococcus pentosaceus, Lactobacillus fermentum, Enterococcus casseliflavus, Enterococcus faecium/faecalis, Enterococcus termitis Lactococcus lactis, Enterococcus termitis |
| 보리 | Lactobacillus fermentum, Enterococcus casseliflavus, Enterococcus faecium/faecalis |
| 병아리콩 | Lactobacillus fermentum, Enterococcus mundtii, Staphylococcus hominis |
| 렌틸콩 | Pediococcus pentosaceus, Enterococcus casseliflavus, Enterococcus faecium/faecalis |
| 퀴노아 | Lactobacillus fermentum, Enterococcus casseliflavus |

연구 결과 중 또 한 가지 흥미로운 것은 곡물에 따라 유산균의 종류
가 다르다는 점이다. 각 곡물에서 검출된 유산균은 〈표 6〉과 같다.

한데 뭔가 좀 이상하지 않은가? 각종 곡물에서 발견된 유산균은 앞서 언급한 르방에 살고 있다는 대표적인 유산균과는 아주 다르다. L. fermentum 이외에는 모두 다 낯선 종이다. 게다가 개체 수도 르방에 있는 유산균과 효모보다 훨씬 적다. 왜 그럴까?

원인은 미생물 종마다 환경에 대한 적응력이 다름에 있다. 르방은 기본적으로 산성 환경이다. 리프레쉬를 오랫동안 하지 않으면 pH가 3.3까지 내려가기도 한다. 참고로 냉면에 넣어 먹는 식초의 pH가 3.3이다. 일부 미생물은 이런 극한의 산성 환경에서 살아남지 못할 것이다. 먹이 경쟁 또한 르방에서 미생물 군집이 달라지는 원인일 것이다. 결국, 르방에서 잘 적응하는 미생물만이 살아남을 것이고 그런 미생물 대부분은 유산균과 두세 종의 효모이다. 수분량 또한 미생물의 생장에 영향을 준다. 가루와 물이 섞여 있는 르방은 가루와 다르게 산소 공급이 제한적이다. 산소가 있어야 살아갈 수 있는 호기성 미생물은 반죽에서 서서히 사라진다. 이런 여러 이유로 르방에 사는 미생물은 가루 자체에서 발견되는 것과는 차이가 있다.

가루와 르방에 존재하는 미생물이 일치하지는 않으나, 사용하는 가루에 따라 르방에 사는 미생물의 종류가 달라진다. 수수를 사용한 르방에선 L. helveticus, 호밀 르방에선 L. amylovorus 또는 L. helveticus, 아마란스 르방에선 L. sakei, 테프 르방에선 L. pontis가 지배적인 유산균임이 확인된 바 있다. 슈테파니 보겔만Stephanie

Vogelmann 등의 연구 결과는 르방에 사용하는 가루 종류에 따라 유산균과 효모의 군집이 어떻게 변하는지 잘 보여준다[41](표 7).

**표 7. 곡물에 따른 르방 특성**

| 곡물 | 배양기간(일) | pH | TTA | 개체 수(CFU/g) | |
|---|---|---|---|---|---|
| | | | | 유산균 | 효모 |
| 밀 | 15 | 3.7–3.8 | 22.3–28.7 | $1.3\times10^9$–$3.0\times10^9$ | $8.4\times10^6$–$1.8\times10^7$ |
| 호밀 | 15 | 3.7–3.8 | 22.4–28.4 | $1.1\times10^9$–$4.6\times10^9$ | $7.0\times10^6$–$1.4\times10^7$ |
| 귀리 | 14 | 3.6–3.8 | 23.9–28.7 | $1.4\times10^9$–$3.0\times10^9$ | $3.2\times10^4$–$1.0\times10^2$ |
| 보리 | 14 | 3.5–3.7 | 20.7–25.7 | $9.6\times10^8$–$2.0\times10^9$ | $1.1\times10^7$–$1.9\times10^7$ |
| 쌀 | 13 | 3.6–3.7 | 16.7–22.2 | $6.2\times10^8$–$1.8\times10^9$ | $7.2\times10^6$–$5.1\times10^7$ |
| 옥수수 | 13 | 3.5–3.8 | 17.0–23.6 | $8.7\times10^8$–$2.2\times10^9$ | $1.9\times10^{105}$–$1.7\times10^7$ |
| 조 | 13 | 3.6–3.8 | 16.8–21.4 | $7.3\times10^8$–$1.7\times10^9$ | $1.5\times10^6$–$1.7\times10^7$ |
| 아마란스 | 13 | 3.7–3.8 | 26.4–30.4 | $1.8\times10^9$–$4.6\times10^9$ | $5.5\times10^5$–$2.8\times10^6$ |
| 퀴노아 | 12 | 3.8–3.9 | 35.3–38.6 | $1.0\times10^9$–$2.7\times10^9$ | $5.7\times10^4$–$1.0\times10^2$ |
| 메밀 | 12 | 4.1–4.2 | 20.8–25.6 | $2.6\times10^8$–$1.4\times10^9$ | $2.0\times10^6$–$1.4\times10^7$ |

밀, 호밀, 귀리, 보리, 쌀, 옥수수, 조, 아마란스, 퀴노아, 메밀의 통곡 가루로 만든 수분율 100%의 반죽에 유산균 16종과 효모 4종을 같은 조건으로 접종하였다. 접종한 르방을 30℃에 놓아두었고, 미생물 군집이 안정화될 때까지 12~15일 동안 24시간마다 리프레쉬하였다. 결과는 아주 흥미롭다. pH, 총산도(Total Titratable Acid, TTA), 효모 개

체 수에서 아마란스, 퀴노아, 메밀은 다른 곡물로 만든 르방과 차이를 보인다. 특히 효모 개체 수가 다른 곡물에 비해 현저히 적다. 귀리 르 방에서는 효모가 거의 검출되지 않았다.

더 흥미로운 결과는 가루 종류에 따른 르방 내 유산균과 효모 종류 와 비율의 차이다. 아래 〈표 8〉에 그 결과를 정리하였다. 표에 있는 숫 자는 각 미생물의 개체 수 비율이다. 유산균은 곡물에 따라 큰 차이를 보인다. 밀, 호밀, 보리와 아마란스, 퀴노아, 메밀이 비슷한 유산균 조 합을 보인다. 밀, 호밀, 보리에선 L.pontis와 L.helveticus가 지배적 이고, 아마란스, 퀴노아, 메밀에서는 L.paralimentarius가 지배적이 다. 귀리, 쌀, 옥수수, 조에 있는 유산균은 다른 곡물과 다르다. 특히 귀리는 L.helveticus가 유산균 대부분을 차지한다. 반면, 효모는 모든 르방에서 S.cerevisiae가 지배적이다. 미생물 배양을 시작할 때 유산

**표 8. 곡물에 따른 유산균과 효모 종류와 비율**

| | 종류 | 밀 | 호밀 | 보리 | 귀리 | 쌀 | 옥수수 | 조 | 아마란스 | 퀴노아 | 메밀 |
|---|---|---|---|---|---|---|---|---|---|---|---|
| 유산균 | L.fermentum | 30 | 5 | 5 | 2 | 50 | 28 | 60 | 2 | 3.5 | 1 |
| | L.paralimentarius | | 10 | 5 | 2 | | 4 | | 78 | 78 | 97 |
| | L.helveticus | 35 | 30 | 40 | 94 | 30 | 40 | 20 | 20 | 3.5 | |
| | L.plantarum | | 10 | | | 10 | | | | 1 | 2 |
| | L.pontis | 35 | 45 | 50 | 2 | | 28 | 20 | | 14 | |
| 효모 | S.cerevisiae | 100 | 100 | 100 | | 100 | 94 | 100 | 94 | 50 | 100 |
| | I.orientalis | | | | | | 6 | | | 50 | |
| | C.glabrata | | | | | | | | 6 | | |

균 16종과 효모 4종을 접종하였으나, 리프레쉬를 반복한 이후 안정화된 르방에서는 유산균 3~4종과 효모 1~2종만 남아 미생물 종이 단순화되었음을 확인할 수 있다.

곡물에 따라 르방 미생물 종류와 개체 수가 다른 이유는 뭘까? 탄수화물, 아미노산, 비타민 등 곡물의 영양성분, 피토케미컬, 항산화 물질의 다름이 그 원인으로 꼽힌다. 아직은 그저 추정일 뿐 과학적으로 증명된 바는 없지만 이런 추정은 타당하다.

성대한 결혼식 피로연을 상상해 보자. 긴 테이블 위에 풍성하게 차려진 뷔페 음식 앞으로 수많은 하객이 줄지어 지나가며 접시에 음식을 담고 있다. 고기를 좋아하는 육식파의 접시엔 갈비, 탕수육, 편육 등 고기 요리가 수북이 담길 것이고, 해산물을 좋아하는 이의 접시엔 생선회, 삶은 새우, 초밥이 가득 담길 것이며, 채식주의자는 샐러드 채소를 담을 것이다. 평소 음식을 골고루 먹는 이는 이것저것 다양한 음식을 담을 것이다. 뷔페에 차려진 수많은 음식 중 취향에 따라 좋아하는 음식을 골라 먹는다.

미생물도 매한가지가 아닐까? 다만, 미생물이 먹이를 고를 때 생리적 요구, 즉 생명 유지를 위한 영양분의 섭취만을 고려한다면, 사람은 영양분 섭취 이외에 기호도 고려한다는 점에 미생물과 사람의 차이가 있을 수 있다. 각각의 곡물은 미생물에겐 뷔페 상에 차려진 음식이다. 뷔페 음식이 그렇듯 탄수화물, 지방, 단백질, 미네랄 등 미생물의 생명 유지에 필요한 영양분의 종류나 함량은 곡물에 따라 차이가 있다. 육식파, 해산물파, 채식파가 있듯 밀을 좋아하는 미생물이 있는가 하면, 호밀을 좋아하는 미생물, 메밀을 좋아하는 미생물도 있을 것이다. L. fermentum와 L. helveticus는 음식을 골고루 먹는 사람처럼 모든 곡물을 다 먹지만, L. paralimentarius는 아마란스, 퀴노아와 메밀을 특히 더 좋아하는 것처럼 보인다. 미생물의 생장을 저해하는 항산화 물질이 많다고 알려진 아마란스, 퀴노아와 메밀을 좋아하는 L. paralimentarius은 이들 항산화 물질에 대한 저항성이 뛰어난 종일 수 있다.

 곡물에 따라 르방에 있는 미생물이 다르다는 점은 베이커에게 새로운 가능성을 열어준다. 가루를 바꾸는 것만으로도 미생물 군집이 다른 새로운 르방을 만들 수 있다는 것이다. 앞서 르방빵의 가장 큰 장점은 자신만의 빵을 만들 수 있다는 것이라고 하였다. 가루에 따라 미생물 군집이 다르다는 건 르방에 사용한 가루를 달리함으로써 자신만의 빵을 만들 수 있는 또 하나의 도구를 갖게 됨을 의미한다. 다만, 한가지 아쉬운 것은 개별 미생물이 빵맛에 미치는 영향에 대해 알려진바가 거의 없다는 점이다.

# 4-4

# 빵에도 손맛이 있다

## 손에 있는 미생물

집밥을 먹고 싶을 때 엄마의 손맛이 그립다고 한다. 해외에서 한국 음식, 특히 김치의 인기가 높아지면서 손맛에 관심을 보이는 외국인들도 늘고 있다. 미국의 유명한 음식 칼럼니스트 마이클 폴란Michael Pollan이 그중 한 명이다. 대표작 《요리를 욕망하다》에서 손맛을 소개하였다. 작가는 손맛의 정수를 제대로 파악하고 있다.

"손맛(hand taste라 직역했다)은 단순한 풍미 이상의 어떤 것이다. 음식을 준비하는 동안 만든이의 먹는 이에 대한 배려, 애정, 특별함 등이 전달되는 복잡한 음식 경험이다. 손맛은 위조할 수 없다. 손맛은 배추를 절이고, 양념을 발라, 장독에 차곡차곡 채우는 복잡한 김치 담그기 절차를 기꺼이 치르는 정성에서 나온다. 손맛은 사랑의 맛이다."

마이클 폴란처럼 손맛에 주목한 연구자들도 있다. 노스캐롤라이나 주립대 응용생태학과의 롭던Rob Dunn 교수 연구팀이다. 이들은 사워도우 과학이라는 이름으로 연구하고 있다. 르방 내 미생물 관련 연구다[19]. 롭던 교수가 이 연구를 시작한 계기에도 어머니의 손맛이 있다. 롭던 교수에겐 조라는 한국계 미국인 친구가 있다. 교수는 조의 어머니가 만든 김치를 즐겨 먹었다. 어느 날, 조와 그의 어머니와 함께 식사하던 중 어머니의 경험담을 듣게 된다. 어머니는 집에서 직접 김치를 담가 먹었고 가끔 다른 이들에게 김치 만드는 법을 가르쳐 주기도 하였다. 김치 만들기 과정에 참여한 이들은 똑같은 재료로 같은 과정을 거쳐 김치를 담근 후 각자 만든 김치를 항아리에 넣었다. 일주일 후 항아리를 열어 발효된 김치를 꺼내 보면 모두 다른 김치가 나왔다. 같은 김치는 하나도 없었다.

---

19) 롭던 교수의 홈페이지(http://robdunnlab.com/projects/science-of-sourdough/)에 더 많은 정보가 있다.

빵맛의 비밀

어머니는 아마도 손맛이 김치의 차이를 만들었을 것이라고 하였다. 교수는 '손맛의 비밀은 김치를 만드는 각자의 손에 있는 미생물 차이에 있는 건 아닐까'라는 가설을 세웠다. 생태학자다운 생각이었다. 교수는 이런 가설을 증명하고 싶었다. 김치로 실험할 수도 있었겠지만, 김치는 세계인들이 모두 즐기는 음식이 아니었기에 좀 더 일반적인 발효음식을 찾기로 했다. 르방빵을 가설을 검증할 음식으로 선정하였다[42].

연구 활동의 하나로 《벨기에 실험》을 진행했다. 세계 여러 지역의 베이커들을 초대하여 이들이 구운 빵을 비교하는 실험이다. 실험 목적에 대한 연구팀의 설명을 들어보자.

"르방에 영향을 줄 수 있는 변수는 많다. 그중 우리 연구팀을 가장 매료시킨 가설은 베이커 자신이 르방에 영향을 끼치는 변수가 될 수 있는가이다. 르방에서 주도적인 역할을 하는 유산균은 인체에도 있다. 소화기관과 여성의 질, 심지어 겨드랑이나 배꼽에서도 발견된다. 남성의 손에 서식하는 세균 중 2%가 유산균이고 여성의 손에선 6%가 유산균이다[43]. 베이커가 르방을 만들거나 빵 반죽을 만들 때 베이커의 손에 있는 유산균이 르방이나 반죽에 들어가지 않을까? 사람마다 몸에 있는 유산균이 다를까? 만약 그렇다면, 같은 조건에서 빵을 만들어도 베이커에 따라 다른 빵이 나오지 않을까? 우리는 이런 의문에 대한 답을 찾고 싶었다."

2017년 여름, 16개 나라에서 온 베이커들이 모였다. 장소는 벨기에에 있는 퓨라토스Puratos의 사워도우 라이브러리이다. 사워도우 라이브러리는 제빵 재료 공급업체인 퓨라토스가 운영하는 사워도우 도서관이다. 여기엔 세계 곳곳의 베이커들이 보내온 사워도우 2,740개가 보관되어 있다[20]. 연구팀은 참가 의사를 밝힌 베이커들에게 미리 밀가루와 사워도우 스타터 레시피를 보냈다. 베이커들은 같은 레시피에 따라 같은 밀가루로 스타터를 만들었고, 자신의 스타터를 가지고 벨기에로 모였다. 이들은 같은 장소에서 같은 레시피에 따라 같은 재료로 르방빵을 구웠다. 베이커에 따라 다른 점은 딱 한 가지, 바로 자신이 키운 사워도우 스타터였다.

결과는 어땠을까? 베이커들이 구운 빵은 모두 달랐다. 우선 반죽이 부푸는 속도가 달랐다. 같은 조건에서 비교해야 하는 실험이었기에 같은 시간에 반죽을 오븐에 넣어야 했다. 오븐에 넣을 시간이 다가오자 베이커들은 모두 조바심을 냈다. 내 반죽은 아직 더 기다려야 하네, 더 기다리면 내 반죽은 꺼지네 하며 베이커들끼리 옥신각신했다고 한다. 오븐에서 나온 빵도 모든 면에서 달랐다. 크기, 크러스트와 속살의 색, 발효 풍미 모든 면에서 차이가 났다. 실험을 마친 후 진행

---

20) 퓨라토스 사워도우 도서관 홈페이지에서 확인할 수 있다.
　　https://www.questforsourdough.com/puratos-library

　　　　　　　　　　　　　　　　　빵맛의 비밀

된 인터뷰에서 보인 베이커들의 반응도 흥미롭다. 베이커들도 이런 결과를 예상하지 못했는지 결과에 대해 모두 신기해하고 놀라움을 표현했다. 이들의 반응을 보고 싶으면 아래 QR코드를 확인해 보길 바란다. 실험에 대한 설명과 실험에 참여한 베이커들의 반응을 볼 수 있다.

연구팀은 베이커들의 손과 그들이 만든 스타터에서 미생물 샘플을 추출하여 추가 분석을 진행했다. 분석결과가 아주 흥미롭다. 베이커 손에서 검출된 세균 중 평균 25%가 유산균이었고, 유산균 비율이 가장 높은 베이커의 손에서는 80%가 유산균이었다. 앞서 소개한 사람의 손에서 검출된 세균 중 유산균의 비율을 아직 기억하는가? 남성 2%, 여성 6%이다. 베이커들의 손에서 검출된 세균 중 최대 80%가 유산균이었다니! 이 80%의 주인공은 르방빵을 가장 많이 굽는 베이커라는 사실 또한 무척 흥미롭다. 베이커의 손에서 검출된 곰팡이는 대부분 사카로미세스 세레비지에 등 제빵효모인 것으로 밝혀졌다.

연구팀은 베이커의 손에서 검출된 미생물과 스타터 내에서 검출된 미생물도 비교 분석하였다. 스타터 내에 있는 유산균과 효모 중 26%

가 베이커의 손에서 검출된 것과 일치하였다[44]. 롭던 교수가 조 어머니의 경험담을 듣고 세웠던, 손맛의 비밀은 손에 있는 미생물의 영향이라는 가설을 입증한 셈이다. "엄마 손맛은 미원 쬐끔"이라는 우스갯소리가 있지만, 엄마 손맛의 비밀은 엄마 손에 사는 미생물에 있었다.

"사람 몸의 10%만이 사람이다."《10퍼센트 인간》의 저자 앨러나 콜렌의 주장이다[45]. 사람 몸을 구성하는 세포의 10%만이 사람 세포라는 말이다. 그러면 나머지 90%는 뭐냐고? 미생물이다. 이 미생물 중 가장 많은 것이 유산균이다. 그렇다. 르방의 특징인 바로 그 유산균이다.

제빵 수업을 해보면 같은 재료로 같은 조건에서 같은 방식으로 빵을 발효시켜도 만드는 사람에 따라 반죽의 발효속도가 다른 현상을 어렵지 않게 볼 수 있다. 어떤 이의 반죽은 빨리 부푸는 반면, 다른 이의 반죽은 더디게 큰다. 더디게 크는 반죽을 보는 이는 뭔가 실수를 한 게 아닐까 조바심을 내기도 한다. 빨리 잘 부푸는 반죽을 만든 이에게 "당신은 제빵에 참 적합한 손을 가지셨네요"라는 말을 하곤 했다. 이제는 이렇게 고쳐 말해야겠다. "당신은 손에 빵을 잘 발효시킬 미생물을 참 많이 가지고 계시네요."

나는 전작에서 '빵이 곧 베이커다'라는 주장을 한 적이 있다. 빵에는 베이커가 그동안 살아온 삶의 궤적이나 앞으로 살아갈 삶의 지향점이 고스란히 드러난다는 생각을 담은 주장이었다. 이제 다시 '빵이 곧 베이커다'라는 주장을 해야겠다. 베이커 몸의 일부, 즉 미생물이 모양,

풍미 등 베이커가 만드는 빵의 모든 것을 결정한다고 말이다.

르방에 있는 미생물의 유래를 논할 때 환경 또한 빼놓을 수 없다. 잠깐 와인 이야기를 해보자. 좋은 와인은 떼루아에서 나온다. 와인을 논할 때 빠지지 않고 나오는 말이다. 떼루아는 포도를 재배하는 장소의 특징으로, 기후, 토양, 물 등 재배환경과 재배방식을 포함한 와인의 지역적 특징을 총체적으로 이르는 말이다. 최근 떼루아가 와인 발효라는 무대의 주인공인 미생물이 만든 결과물이라는 주장이 힘을 얻고 있다. 나는 밀에도 떼루아가 있다고 주장하곤 한다. 밀도 와인처럼 환경의 영향을 받는다는 주장이다. 앞서 살펴본 바와 같이 곡물은 르방 내 미생물 군집에 영향을 준다. 그럼 곡물에 있는 미생물은 어디서 오는가? 곡물이 재배된 환경에서 오지 않을까? 곡물 재배 환경이 다르면, 즉 떼루아가 다르면 곡물에 있는 미생물도 달라지지 않을까?

# 4-5

# 떼루아는 미생물이 만든 결과

  뉴질랜드 오클랜드대학의 유전학자 새라 나이트Sarah Knight와 그의

동료는 와인의 떼루아가 미생물이 만든 결과물이라는 것이 사실인지

확인해 보고자 하였다[46]. 이를 위해 와인을 직접 만드는 실험을 했다.

포도 품종의 차이로 인해 생길 수 있는 차이점을 배제하기 위해 말보

로 쇼비뇽블랑 한가지로 포도 품종을 한정하였다. 발효에 앞서 포도

알을 소독하여 포도에 있는 모든 미생물을 사멸시킨 후 포도즙을 짰

다. 포도즙을 작은 발효 탱크에 나눠 넣고 발효 탱크마다 다른 와인

효모를 접종하였다. 효모는 뉴질랜드 주요 와인 산지 여섯 곳에서 채

취한 것으로 모두 사카로미세스 세레비지에 종에 속한 것들이다. 포

도즙과 발효조건은 같으나 발효 효모만 달리하여 효모가 와인 발효에

어떤 차이를 가져오는지 확인하고자 하였다.

여기서 약간 혼란스러울 수도 있다. 모두 사카로미세스 세레비지에 종에 속한 효모인데 왜 다른 효모라고 할까? 이렇게 생각하면 쉽게 이해할 수 있다. 홍길동이라는 사람이 있다고 치자. 서울에 사는 40대의 홍길동과 부산에 사는 10대의 홍길동은 같은 이름을 쓰지만 서로 다른 사람이다. 효모도 이와 같다고 보면 된다. 발효가 끝난 와인의 휘발성 풍미 성분을 분석한 결과 예상대로 풍미 성분은 발효에 사용한 효모에 따라 차이가 났다. 여섯 곳의 와인 산지에는 서로 다른 효모가 서식하고 있음을 증명한 것이다. 즉, 떼루아가 실제로 존재한다는 사실을 입증했다. 비록 포도와 와인을 실험한 결과지만 밀과 르방도 이와 비슷하지 않을까?

르방 내 미생물의 기원에 대한 마지막 주장은 물이다. 물에는 여러 미생물이 살고 있으니 얼핏 타당한 주장으로 보인다. 하지만 앞서 소개한 바 있는 롭던 교수팀은 르방 내 미생물 중 물에서 유래한 것은 없다고 보고하였다. 이에 더하여 수돗물에 들어있는 불소 성분이 르방 내 미생물 성장을 방해한다는 연구 결과도 종종 보인다.

전 직장에 근무할 때의 일이다. 당시 맡은 일 중 하나가 농부를 대상으로 바이오차(요즘은 숯을 바이오차biochar라 부른다)를 판매하는 일이었다. 농부를 직접 만나기도 했지만, 지역에 있는 농자재 마트가 주요 영업 대상이었다. 하루는 어느 농자재 마트에 들러 진열된 제품을 둘러보고 있었다. 이때 벽면에 큼직하게 붙어 있는 제품 포스터 한 장이 눈에 들어왔다. 가까이 다가가서 보니 일본산 미생물 농자재 포스터였다. 요즘 농사 좀 짓는다는 농부들은 종종 토양 미생물을 쓴다. 어떤 제품들은 특정 작물 생육에 특효라는 과장 섞인 광고를 하기도 한다. 포스터를 들여다보고 놀랐다. 제품에 들어있는 미생물 대부분이 익히 알고 있는 것들이었기 때문이다.

L. plantarum, L. brevis, L. casei, L. delbruekii 등 유산균은 모두 르방에서 발견되는 종들이다. 사카로미세스 세레비지에는 르방에서 발견되는 효모이자 제빵효모이다. 특이한 건 Aspergillus oryzae이다. 술이나 식초를 빚는 사람들에게 익숙한 미생물이다. 막걸리 등 전통주를 빚는 데 발효제로 사용하는 누룩에 있는 대표적인 누룩곰팡이다. 이 미생물은 사카로미세스 세레비지에와 같이 곰팡이로 분류되지만, 특성은 서로 다르다. 사카로미세스 세레비지에가 단세포이고 균사체를 만들지 않지만, Aspergillus oryzae는 다세포 곰팡이로 긴 실과 같은 하얀색 균사체를 만든다. 제품 소개자료에선 이 미생물들을 좋은 흙에서 채취하여 배양했고, 이 제품을 쓰면 당신 밭 흙도 건강한 흙이 될 것이라 설명하고 있다. 좋은 흙과 안정되어 힘 있는 르방에서 사는 미생물은 서로 닮아있다.

이쯤 되면 이런 생각이 들 수밖에 없다. 모든 것은 연결되어 있다. 좋은 흙에 사는 미생물이 곡물로 전해지고, 곡물에 있는 미생물이 르방으로 전해지고, 르방에 있는 미생물이 빵과 베이커의 손으로 전해지고, 빵에 있는 미생물이 소비자[21]에게 전해진다. 그렇다. 흙-밀-르방-베이커-빵-소비자는 이렇게 서로 긴밀하게 연결되어 있다. 그리고 그 연결의 매개체는 바로 우리 눈에 보이지 않는 미생물이다. 좋은 재료로 제대로 된 빵을 만드는 일, 제대로 구운 빵을 먹는 행위는 바로 흙과 연결되는 일이다.

---

[21] 빵을 굽는 동안 미생물은 사멸하지만, 미생물의 대사산물은 빵에 남는다. 이 대사산물이 요즘 많이 회자되는 포스트바이오틱스 post biotics이다. 물론 베이커의 손에 있는 미생물이 빵을 통해 소비자에게 전달되기도 하겠다.

# 4-6

# 르방 유산균의 유형

내친김에 르방 안에서 사는 미생물에 대해 좀 더 알아보자. 앞서 르방 안에 사는 다양한 미생물을 크게 유산균과 효모로 나눌 수 있다고 했다. 안정화된 르방에서 유산균과 효모 개체 수의 비율은 10:1~100:1이라는 사실도 언급했었다. 효모는 유산균에 비해 비교적 단순하다. 르방에 초산균도 있다고도 하지만 지금까지 발표된 연구 결과에 따르면 안정화된 르방에서 초산균은 거의 발견되지 않는다. 그러니 초산균과 효모는 논외로 하고 유산균을 좀 더 들여다보자. 유산균은 모양, 식감, 풍미 등 르방빵의 모든 특성에 지대한 영향을 미친다. 따라서 유산균을 제대로 알아두면 좋은 빵을 굽는 데 큰 도움이 된다.

빵맛의 비밀

유산균은 유산균목(Lactobacillales)과 비피도박테리움목(Bifidobacterium)에 속한 세균이다. 목은 생물 시간에 배운 종(species) – 속(genus) – 과(family) – 목(order) – 강(class) – 문(phylum) – 계(system) 하며 반복해서 외웠던 생물분류체계의 한 수준이다. 당분을 발효하여 젖산(유산)을 생성한다고 해서 유산균이라고 불린다. 유산균은 르방빵뿐만 아니라 김치, 치즈 등 발효식품에서 발견되는 세균이다. 물론 사람이 먹어도 안전하다.

유산균은 환경 적응성이 매우 뛰어나다. 우유, 육류, 채소, 곡물 등 식재료뿐만 아니라 동물이나 사람의 소화기관, 질, 피부 등에서도 발견되는 건 이들의 뛰어난 환경 적응성 덕이다. 이런 환경에선 유산균의 먹이가 풍부하다. 즉, 당분, 단백질, 미네랄 등 필수영양소가 충분히 있다.

유산균은 당을 분해한 후 배출하는 대사물질에 따라 정상발효(homofermentative) 유산균과 이상발효(heterofermentative) 유산균으로 구분된다. 정상발효 유산균은 당을 분해하여 젖산과 풍미 성분을 생성하는 반면, 이상발효 유산균은 젖산과 풍미 성분 이외에 초산 또는 에탄올, 이산화탄소를 생성한다. 대다수 발효식품에서 정상발효 유산균이 지배적인 역할을 하지만 르방빵 발효에서는, 특히 전통 방식으로 배양한 르방(제1형 르방)에서는 이상발효 유산균이 우세하다. 또한, 산소에 반응하는 방식에 따라 편성혐기성(obligate) 유산균과 통성혐기성(facultative) 유산균으로 분류한다. 편성혐기성 유산균은 오직 산소가 없는(혐기) 환경에서만 살 수 있다. 통성혐기성 유산균은 산소가 있는(호기) 환경과 산소가 없는 환경에서 모두 살 수 있다. 대사산물과 산소 반응의 조합에 따라 총 4가지 유형의 유산균이 나올 수 있다. 하지만 자연에 존재하는 유산균의 유형은 편성혐기성 정상발효 유산균(obligate homofermentative LAB), 통성혐기성 이상발효 유산균(facultative heterofermentative LAB), 편성혐기성 이상발효 유산균(obligate heterofermentive LAB) 셋뿐이다.

세 유형의 유산균은 먹이로 삼는 당분의 종류뿐만 아니라 당분을 분해하는 경로와 분해 후 생성하는 대사산물이 서로 다르다. 정상발효 유산균은 맥아당, 자당, 포도당 등 6탄당을 먹이로 삼으며, 5탄당인 펜토산은 분해하지 못한다. 이상발효 유산균은 6탄당과 5탄당을 모두 먹이로 삼는다. 먹이 경쟁의 관점에서 보면 이상발효 유산균이 정상발효 유산균보다 더 경쟁력이 있다고 할 수 있다. 정상발효 유산균은 젖산만을 생성한다. 통성혐기성 이상발효 유산균은 젖산과 초산을 생성한다. 편성혐기성 이상발효 유산균은 세 유형의 유산균 중 가장 다양한 대사산물을 생성한다. 젖산과 초산 이외에 이산화탄소를 부산물로 생성하며, 과당의 유무에 따라 초산 또는 에탄올을 생성한다. 과당이 없으면 에탄올을, 있으면 초산을 생성한다. 가장 다양한 대사산물을 만드는 편성혐기성 이상발효 유산균이 풍미, 빵 볼륨, 식감 등의 관점에서 베이커에겐 가장 이상적인 유형의 유산균이라 할 수 있다.

그 유명한 F. sanfranciscensis 유산균이 대표적인 편성혐기성 이상발효 유산균이다. 각 유형에 속하는 대표적인 유산균 종과 특징은 〈표 9〉와 같다. 정상발효 유산균과 이상발효 유산균의 대사경로와 대사산물은 〈그림 38〉, 〈그림 39〉와 같다. 〈그림 38〉은 유산균이 포도당을 분해하여 대사물질을 생성하는 대사경로이다. 왼쪽이 정상발효 유산균, 오른쪽이 이상발효 유산균이다. 〈그림 39〉는 편성이상발효 유산균의 대사경로와 대사산물이다.

표 9. 르방 내 유산균 유형과 특징

| 구분 | 편성혐기성 정상발효 유산균 | 통성혐기성 이상발효 유산균 | 편성혐기성 이상발효 유산균 |
|---|---|---|---|
| 유산균 종 | L. delbrueckii<br>L. helveticus<br>L. acidophilus<br>L. amylovorus<br>L. farciminis<br>L. mindensis<br>L. johnsonii | L. plantarum<br>L. casei<br>L. curvatus<br>L. pentosaceus<br>L. sakei<br>L. paralimentarius<br>L. alimentarius | F. sanfranciscensis<br>L. brevis<br>L. fermentum<br>L. pontis<br>L. fructivorans<br>L. reuteri<br>L. buchneri<br>W. cibaria |
| 먹이 | • 6탄당<br>• 5탄당 분해 못 함 | • 6탄당<br>• 6탄당을 모두 소비한 후 5탄당 분해 | • 6탄당<br>• 6탄당을 모두 소비한 후 5탄당 분해 |
| 대사물질 | 젖산 | 젖산, 초산 | 젖산, 초산 또는 에탄올, 이산화탄소 |

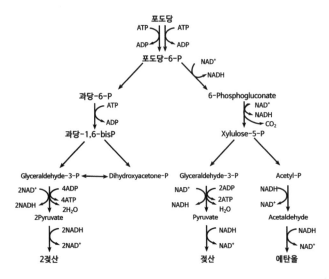

• [그림 38] 유산균의 대사 경로. 왼쪽이 정상발효 유산균, 오른쪽이 이상발효 유산균[47] •

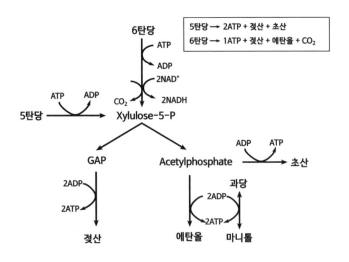

• [그림 39] 편성 이상발효 유산균의 대사경로[48] •

빵맛의 비밀

# 4-7

# 르방의 종류

　르방엔 세 종류가 있다. 홈베이커나 아티장베이커리에서 사용하는 르방을 제1형(Type 1)이라고 한다. 제1형 르방의 특징은 베이커가 매일 밥을 주며 키운다는 점이다. 미생물학자들은 이를 계대배양이라고 부른다. 20~30℃의 실온에서 키운다. 인류가 르방빵을 구워온 역사와 함께해 온 르방으로 전통적으로 수분율이 낮은 스티프 르방이다. 프랑스에선 르방 뒤흐levain dur, 이탈리아에서는 리에비토 마드레lievito madre, 스페인에선 빠스따 마드레pasta madre라고 부른다. 빵 반죽 전에 2, 3단계의 리프레쉬로 증량한 후 반죽에 사용하였다.

　제2형(Type 2) 르방은 대규모 제빵공정에 사용되는 방법으로 발효를 시작하기 위해 유산균 종균을 사용한다. 호밀빵 생산공정을 산업화하기 위해 빠르고 효율적이며 관리가 편한 대규모 발효 공정이 필요해졌고 이 수요를 충족시키기 위해 독일에서 개발된 르방이다. 호밀빵에 적용되던 것을 밀 빵에 최초로 적용한 이가 바로 에릭 케제르이다. 그는 프랑스와 유럽 여러 나라에 빵집 체인을 운영하는 프랑스의 스타 베이커이다. 수분율이 높은 리퀴드 르방으로 특정 종의 유산균을 균주로 접종한 후 르방의 빠른 산성화를 위해 30℃ 이상의 온도에서 3~4시간 발효한다. 실온에서 발효하는 제1형 르방보다 발효 온도가 높다.

발효가 끝나면 10℃에 보관하며, 2~3일에서 길게는 일주일간 보관하며 사용한다. 2, 3단계로 리프레쉬하며 증량하는 제1형 르방과 달리 르방 완성 후 증량 없이 바로 반죽에 사용한다. 반죽 산성화제 또는 풍미 증진제 용도로 사용하며, 빵 반죽을 부풀리기 위해 제빵효모를 같이 사용한다.

제3형(Type 3) 르방은 제2형 르방을 동결건조한 것으로 분말 형태를 띤다. 유산균과 효모는 사멸되어 발효제 기능은 없고 반죽 산성화제와 풍미 증진제 역할만 한다. 빵 반죽을 발효시키기 위해 제빵효모를 같이 사용해야 한다.

제1형, 제2형, 제3형 르방은 제조와 유지 방법이 다를 뿐만 아니라 르방에 존재하는 유산균 종류에도 차이가 있다. 종균 사용 여부와 르방 배양 조건이 서로 다르기 때문이다. 유산균이 가장 다양한 건 제1

형 르방이다. 편성혐기성 이상발효 유산균, 통성혐기성 이상발효 유산균, 편성혐기성 정상발효 유산균이 모두 발견된다. 하지만 열대지방에서 사용하는 제1형(고온) 르방은 일반적인 제1형 르방보다 유산균 종류가 적다. 이는 배양 온도가 35℃ 이상으로 높기 때문이다. 제2형 르방에도 다양한 유산균이 발견되나 통성혐기성 이상발효 유산균은 전혀 발견되지 않는다. 제3형 르방에서는 유산균이 아주 단순하다. 동결건조 시 유산균이 대부분 사멸하기 때문이다. 각 유형의 르방에 존재하는 유산균은 〈표 10〉과 같다[49]. 여기서 한 가지 유의할 점이 있

표 10. 각 르방 유형에서 발견되는 유산균

|  | 제1형 | 제1형(고온) | 제2형 | 제3형 |
|---|---|---|---|---|
| 편성<br>이상발효 | L.brevis<br>L.buchneri<br>L.fermentum<br>L.fructivorans<br>L.pontis<br>L.reuteri<br>F.sanfranciscensis<br>W.cibaria | L.fermentum<br>L.reuteri | L.brevis<br>L.fermentum<br>L.frumenti<br>L.pontis<br>L.reuteri<br>F.sanfranciscensis<br>w.confusa | L.brevis |
| 통성<br>이상발효 | L.alimentarius<br>L.casei<br>L.paralimentarius<br>L.plantarum | | | L.plantarum<br>P.pentosaceus |
| 편성<br>정상발효 | L.acidophilus<br>L.delbrueckii<br>L.farciminis<br>L.mindensis | L.amylovorus | L.acidophilus<br>L.amylovorus<br>L.delbrueckii<br>L.farciminis | |

다. 어떤 르방에 표에 나열된 모든 유산균이 존재하지는 않는다는 것이다. 지금까지 여러 연구자의 연구 결과를 종합해 보니 각 유형의 르방에서 이런 유산균들이 발견되었다고 이해하면 된다.

제1형 르방이 관리하기 어려운 가장 큰 이유가 바로 르방에 존재하는 유산균의 다양성에 있다. 르방을 배양하는 시간이 길어짐에 따라 유산균의 다양성은 감소하지만, 제2형과 제3형 르방보다 여전히 더 높다. 높은 다양성은 복잡한 풍미를 낼 수 있다는 장점이 있지만, 일관성을 유지하기가 어렵다는 단점도 있다. 베이커에게 다양성은 양날의 검이다. 어제는 기가 막힌 빵을 구웠는데 오늘은 형편없는 빵이 나올 수도 있다. 어린이집에 아이들이 몇 명뿐인 교실과 수십 명이 있는 교실이 있다고 치자. 어느 쪽이 관리하기 편할까?

제1형 르방이 르방빵에 전통적으로 사용하던 르방이다. 지금도 홈베이커나 아티장 베이커리에서 베이커가 매일 리프레쉬를 통해 배양하여 사용한다. 이에 반해, 제2형과 제3형은 비교적 최근인 1990년대 초 르방빵의 대량 생산을 목적으로 개발되었다. 제빵효모처럼 제빵 재료 공급업체에서 대량으로 배양하여 상업적으로 유통하고 있다. 제빵효모를 생산하는 르싸프르Lesaffre, 제빵용 재료 공급업체인 퓨라토스 등이 제2형과 제3형 르방 제품을 양산하고 있다. 유럽에서는 1990년대 부활한 르방빵의 인기로 인해 대형 베이커리를 중심으로 빠르게

188

퍼져나갔다. 국내에서도 르방빵의 대중적 인기에 따라 '천연발효빵'을 내세운 대형 빵집 위주로 적용 사례가 늘고 있다.

제2형과 제3형 르방은 제1형 르방과 비교하면 몇 가지 이점이 있다.

첫째, 관리가 편하다. 제2형 르방은 전자동으로 조절되는 전용 설비로 만들기 때문에 제1형 르방처럼 베이커가 매일 관리할 필요가 없다. 제3형 르방은 가루 상태로 되어있기에 특별한 관리가 필요 없다.

둘째, 만들기도 쓰기도 편하다. 스티프 르방은 수분율이 낮으므로 반죽이 뻑뻑하여 만들기가 쉽지 않다. 스티프 르방을 만들어 본 적이 있는 사람이라면 누구든 공감할 것이다. 반면 리퀴드 르방인 제2형 르방은 휘휘 저어주기만 해도 밀가루와 물이 잘 섞이기 때문에 만들기가 편하다. 게다가 물과 밀가루를 섞는 작업도 전용 설비가 자동으로 해준다. 제2형과 제3형 르방은 반죽할 때 다른 재료처럼 넣기만 하면 되니 빵 반죽을 만들 때 사용하기도 간편하다.

셋째, 품질이 안정적이다. 제1형 르방은 여러 조건에 따라 미생물 군집에 변화가 생기고 이 변화로 인해 빵의 풍미나 품질의 일관성을 유지하는 게 쉽지 않다. 반면 제2형과 제3형 르방은 르방 자체의 품질이 안정적이고 결과물인 빵도 안정적이다. 발효 산물인 풍미 성분들이 그대로 들어있으니 맛 또한 나쁘진 않다. 효율을 추구하는 빵 사업가들에겐 최적의 선택이다. 다만 가격대가 좀 높은 게 단점이다.

# 4-8
# 스티프 르방과 리퀴드 르방

르방은 물의 양에 따라 스티프 르방과 리퀴드 르방으로 구분한다. 스티프 르방과 리퀴드 르방의 수분율은 각각 50~60%, 100~120%이다. 학계에서는 수분율 대신 반죽 수율dough yield(DY)이라는 용어를 쓴다. 밀가루 중량 대비 밀가루와 물 중량의 비로 DY150, DY200 등으로 표기한다. DY150은 수분율이 50%이다.

내가 구운 첫 번째 빵은 수분율 100%의 리퀴드 르방을 사용한 르방빵이었다. 《타르틴 브레드》의 기본 시골빵 레시피를 따라 구웠다. 이후 다양한 경로로 접하게 된 르방빵도 대부분 리퀴드 르방을 사용했다. 여러 지역의 빵 레시피를 접하면서 스티프 르방도 있음을 알게 되었다. 특히 프랑스, 이탈리아, 스페인 등 서유럽 빵 중에 스티프 르방을 사용한 빵이 많았다. 일본에서도 스티프 르방을 사용한 빵 레시피를 어렵지 않게 발견할 수 있다.

르방빵을 구우며 줄곧 스티프 르방과 리퀴드 르방의 차이가 궁금했다. 그 답을 찾던 중 리퀴드 르방의 역사가 그리 길지 않음을 알게 되었다. 리퀴드 르방은 그 역사가 고작 30년이다. 30년 전 리퀴드 르방이 도입되기 전에는 모두 스티프 르방을 사용했다는 말이다. 리퀴드 르방의 시작에 에릭 케제르라는 현재 프랑스 최고의 제빵사가 있다. 그가 바로 리퀴드 르방의 발명자(엄밀히 말하면 리퀴드 르방 발효기 개발자)이다. 1992년 INBP의 동료 제빵 강사인 패트릭 까스타냐Patrick Castagna와 함께 르방 발효기를 개발했고, 페르멘토르방Fermentolevain이라는 이름을 붙였다(그림 40). 이 장비는 2년의 개선을 거쳐 1994년 유럽 최대 제과제빵 장비 전시회인 유로빵Europain에 정식으로 선보였다. 일렉트로룩스에서 최초 제품을 출시하였고, 지금은 페르트랑 퓌마Pertrand Puma사에서 제조, 판매하고 있다.

이 장비를 사용하여 만들기 번거롭고 관리도 힘들던 르방 제조 공정을 아주 단순화할 수 있었다. 이게 요즘 쓰고 있는 스타터-르방-반죽의 르방빵 제빵 공정의 시초인 셈이다. 스티프 르방으로 빵을 굽기 위해서는 스타터-1차 리프레쉬-2차 리프레쉬-본반죽의 3단계에 걸쳐 발효를 진행했다. 일반적으로 스타터 12~15시간, 1차 리프레쉬 6~7

시간, 2차 리프레쉬 4~5시간이 걸렸으니, 베이커에게 이를 관리하는 건 녹록지 않은 일이었다. 게다가 스티프 르방은 수분율이 낮아서 르방 자체를 만드는 작업 자체도 쉽지 않다.

• [그림 40] 리퀴드 르방 설비 •

*출처: Pertrand Puma사 홈페이지

빵을 주식으로 하는 지역에서 하루에 만드는 빵의 양을 생각해 보면 엄청난 양의 르방이 필요하다. 반죽기를 쓰면 그나마 수월하지만, 반죽기 없이 손으로 만드는 건 상당한 육체적 노동이 필요한 작업이었을 것이다. 참고로 최초의 반죽기는 1910년대 개발되었다. 반면, 리퀴드 르방을 사용하면 르방을 만드는데 딱 3시간이 걸린다. 물과 밀가루, 유산균 균주만 넣으면 자동으로 섞어주고 발효 온도도 자동으로 맞춰 준다. 자동 냉각 기능이 있어 잘 발효된 르방을 24시간 이상 보관할 수 있으므로 관리도 편하다. 온도를 일정하게 유지하기 때문에 르방 내 미생물 군집도 안정해서 빵 품질의 일관성을 유지할 수 있다. 작업은 간편해지고 빵 품질이 올라가는 일석이조의 효과를 가져온 이 설비의 인기는 폭발적이었다. 출시 후 매년 300대 이상이 팔려나갔다. 특히 많은 빵을 만드는 대형 베이커리를 중심으로 빠르게 보급되었다고 한다. 리퀴드 르방의 발명은 손도 많이 가고 힘이 많이 드는 르방 관리 업무로부터 '밀가루를 뒤집어쓴 허연 노예들'을 해방했다.

리퀴드 르방이 이처럼 많은 장점이 있음에도 불구하고 작업성도 떨어지고 관리도 힘든 스티프 르방을 그리 오랫동안 사용한 이유는 뭘까? 아마도 과발효로 인한 과도한 신맛을 피하기 위함이었을 것이다. 프랑스빵 연구 권위자인 스티븐 카플란Steven Kaplan은 바게트가 파리를 중심으로 급격하게 퍼져나간 건 당시 프랑스 사람들이 빵의 신맛을 싫어했기 때문이라고 주장하였다[50].

바게트가 나오기 전까지 프랑스인들은 식사빵으로 르방빵을 주로 먹었다. 르방빵은 과발효되면 신맛이 난다. 최악의 경우 식초마냥 톡 쏘는 아주 자극적인 신맛이 난다. 그에 비해 바게트는 신맛이 전혀 없다. 제빵효모로 발효하여 발효과정에서 신맛을 내는 젖산이나 초산이 만들어지지 않기 때문이다. 스티프 르방을 통해 과도한 신맛을 피할 수 있는 비밀은 수분율에 따른 반죽의 산성화 속도 차이에 있다. 수분율이 낮을수록 반죽의 산성화 속도가 느리다. 여기에 두세 번에 걸친 리프레쉬로 산성화 속도를 더 낮출 수 있다. 이러한 노력의 결과로 르방빵의 과도한 신맛을 피할 수 있었을 것이다.

냉장고가 없었다는 점도 스티프 르방을 사용할 수밖에 없었던 이유 중 하나라고 추측해 볼 수 있다. 르방은 전통적으로 제빵실 어딘가에 두고 관리하였다. 제빵실은 일반적으로 오븐의 열기로 온도가 높다. 유산균이 자라기에 좋은 환경이다. 발효가 진행됨에 따라 대사산물인 젖산이나 초산 등이 늘어나 신맛이 점점 강해진다. 수분율이 높으면 높을수록 발효속도가 빨라져서 신맛은 더 빨리 강해진다. 신맛 조절을 위해서는 발효속도를 조절해야 한다. 발효속도를 늦추기 위해서 수분율이 낮은 스티프 르방을 쓸 수밖에 없지 않았을까 추측해 본다. 앞서 소개한 리퀴드 르방 제조 설비는 냉장 기능이 있다. 온도를 낮춤으로써 유산균의 활성을 낮추어 발효속도를 조절하고 이를 통해 신맛을 제어할 수 있다.

다시 원래의 질문으로 돌아가 보자. 스티프 르방과 리퀴드 르방 사이엔 도대체 어떤 차이가 있을까? 참 오랫동안 해결하지 못한 의문이었다. 기회가 있을 때마다 이 둘 사이의 차이에 대해 질문을 던졌다.

자그마한 동네빵집을 준비하는 중에 좋은 기회가 찾아왔다. 미국의 유명 제빵사 채드 로버트슨을 만나게 되었다. 《타르틴 북 NO. 3》출판기념회에서였다. 그는 당시 개점이 임박한 타르틴 베이커리 서울지점 오픈 준비를 위해 한국에 머물고 있었다. 타르틴 베이커리와 책에 대한 소개가 끝난 후 질의응답 시간이 있었다. 그동안 빵을 구우며 갖게 된 여러 가지 의문 사항에 관해 질문했다. 그중 하나가 스티프 르방과 리퀴드 르방의 차이였다. 이번 기회에 궁금증을 풀 수 있겠거니 하는 기대와 달리 "뭐 별 특별한 차이는 없는 거 같더라. 나는 작업 편의성을 위해 리퀴드 르방을 써."라는 시시한 답이 돌아왔다.

어느 빵 관련 온라인 콘퍼런스에서 마이클 갠즐레Michael Gänzle에게도 같은 질문을 던졌다. 그는 르방 내 서식하는 유산균과 효모 군집 연구의 권위자다. 채드 로버트슨에게 던진 것과 같은 질문에 "르방에는 아주 다양한 미생물들이 살고 있기에 미생물의 특성을 정확하게 분석하는 건 어렵다"라는 모호한 답변을 했다. 참 답답한 노릇이었다.

이런저런 책들을 들여다봤다. 하지만 제빵 관련 책들은 대부분 레시피 위주로 기술되어 있어서 원하는 답을 찾을 수 없었다. 학술 논문에 기대를 걸어 보는 수밖에 없었다. 다행히 최근 전 세계적인 르방빵 인기에 힘입어 르방 미생물에 관한 연구 논문이 쏟아져 나오고 있다. 그중에서 내가 가지고 있던 의문에 딱 맞는 답이 실린 논문을 발견했다. 〈스티프 르방에서 리퀴드 르방으로 전환 시 유산균과 효모 군집 다양성의 변화〉[51]. 제목부터 무척 흥미롭다. 저자들은 이탈리아 남부의 한 베이커리에서 사용하고 있는 르방을 가져와 실험실에서 배양하였다. 베이커리에서 제공한 르방은 모두 스티프 르방이었고, 이를 스티프 르방과 리퀴드 르방으로 각각 배양했다. 스티프 르방과 리퀴드 르방의 수분율은 각각 60%와 180%이다. 르방은 같은 듀럼밀을 사용하여 28일간 매일 한 번 리프레쉬했다. 리프레쉬할 때마다 이전 단계의 르방을 첨가하였고 그 양은 리프레쉬에 사용한 밀가루 양의 6.25%로 하였다. 리프레쉬 후 25℃에서 5시간 발효하였고, 발효가 끝나면 10℃에서 16~19시간 보관한 후 르방을 분석하였다.

결론부터 말하자면, 스티프 르방과 리퀴드 르방은 아주 다르다. 우선, 르방에 있는 유산균과 효모의 개체 수에 차이가 있다. 〈표 11〉에서 보는 바와 같이 리퀴드 르방 속 미생물 개체 수가 스티프 르방보다 훨씬 많았다. 스티프 르방 1g에 있는 유산균과 효모의 개체 수는 각각 $10^{6.56}$개(약 389만 개), $10^{4.2}$(약 1.5만 개)이다. 리퀴드 르방 1g 안에는 유산균과 효모가 각각 $10^{7.51}$개(3,240만 개), $10^{6.2}$개(약 158만 개)가 있었다. 리퀴드 르방에 있는 유산균과 효모의 개체 수는 스티프 르방의 각각 10배, 100배다. 반면, 유산균과 효모의 개체 수 비율은 스티프 르방이 리퀴드 르방에 비해 높다. 리퀴드 르방에서 유산균 개체 수가 효모 개체 수의 20배이지만, 스티프 르방에서는 그 비율이 245로 유산균이 효모보다 월등히 많았다.

**표 11. 스티프 르방과 리퀴드 르방의 유산균과 효모 개체 수 비교**

| 르방 | 유산균수(log CFU/g) | 효모수(log CFU/g) | 유산균수/효모수 |
|---|---|---|---|
| 스티프 | 6.59 | 4.2 | 245 |
| 리퀴드 | 7.51 | 6.2 | 20 |

  스티프 르방과 리퀴드 르방은 산도에서도 차이가 났다(표 12). 르방의 대표적인 특징은 산도이다. 르방이 산성을 띠는 건 유산균이 먹이를 먹고 내놓는 유기산 즉 젖산과 초산 탓이다. 산도를 표현하는 지표로는 총산도와 pH가 있다. 총산도는 젖산과 초산 등 유기산의 분자량을 측정하는 지표이다. pH는 수소이온($H+$) 농도와 수산화물이온($OH-$) 농도를 표시하는 지표이다. 0에서 14 사이의 값을 가지며, 7이 중성이다. 0에 가까울수록 강산성, 14에 가까울수록 강알칼리성이다. 총산도와 pH는 반비례 관계가 있다. 〈그림 41〉과 같이 총산도가 높으면 pH는 낮다.

**표 12. 스티프 르방과 리퀴드 르방의 차이 분석 결과**

| 르방 | pH | TTA | 젖산 (mmol/kg) | 초산 (mmol/kg) | FQ | FFA |
|---|---|---|---|---|---|---|
| 스티프 | 4.3 | 13 | 56 | 45 | 1.2 | 653 |
| 리퀴드 | 4.2 | 6.2 | 31 | 20 | 1.5 | 307 |

FQ: Fermentation Quotient, FFA: 유리 아미노산(Free Amino Acid)

총산도는 스티프 르방(13)이 리퀴드 르방(6.2)보다 높았다. 반면, pH는 리퀴드 르방(4.2)이 스티프 르방(4.3)보다 더 낮았다. 〈그림 41〉과 같이 총산도가 높으면 pH가 낮다(pH 수치가 작을수록 산성은 더 강해진다). 따라서 총산도가 높은 스티프 르방의 pH가 리퀴드 르방보다 낮아야 하지만 실험 결과는 이와 정반대이다. 왜 이런 결과가 나왔을까?

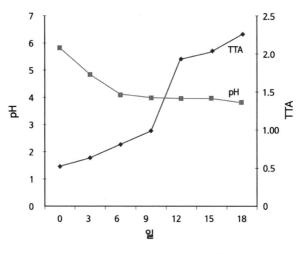

· [그림 41] pH와 총산도(TTA)의 관계[52] ·

이는 pH의 완충 효과 탓이다. 젖산과 초산은 분자 끝부분에 카복실기(COOH)를 가지고 있다(그림 42). 카복실기 끝부분에 자리한 수소는 분자에서 잘 떨어져 나가는 성질이 있으며, 떨어져 나가면 수소이온

빵맛의 비밀

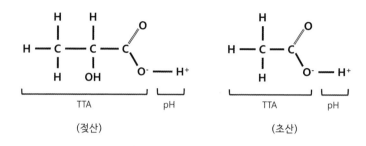

• [그림 42] 젖산과 초산의 분자 구조 •

(H+)이 된다. 〈그림 42〉에서 TTA와 pH로 측정되는 부위를 표기하였다. 르방에 물이 충분하면 수소이온이 자유롭게 확산하여 pH 수치가 낮아진다. 하지만 스티프 르방의 경우 수분율이 60%로 상당히 낮기에 젖산과 초산 분자에서 분리된 수소이온이 밀가루 특히 글루텐 단백질 분자와 결합한다. 앞서 언급한 글루텐 단백질 분자 간의 SH결합을 떠올리면 된다. 다른 분자와 결합한 수소이온은 pH 측정기에 감지되지 않는다. 이에 따라 유기산 생성량에 비해 pH가 저평가된다. 이를 pH 완충 효과라고 한다. 미네랄 함량이 높은 통밀이 백밀보다 완충 효과가 크다. 또한, 밀가루의 단백질 함량이 높을수록 pH 완충 효과가 크다.

젖산과 초산 생성량은 스티프 르방이 리퀴드 르방보다 많았다. 이는 수분율에 따른 유기산의 확산과 관련이 있다. 르방에 유기산이 많아지면 유산균의 활성이 낮아지고 이에 따라 유기산 생성량도 줄어든다. 자기가 만든 유기산이 자신의 활동을 제한하는 것이다. 마치 자기가 뀐 방귀에 질식하는 꼴이다. 수분율이 높을수록 유기산이 르방 전체로 잘 퍼지며, 이에 따라 유산균의 활성이 낮아진다. 리퀴드 르방의 젖산과 초산 생성량이 스티프 르방보다 낮은 이유이다.

스티프 르방의 초산 생성량이 리퀴드 르방에 비해 높은 것도 비슷한 원리이다. 초산은 젖산과 달리 생성 시 효모의 대사물질인 과당이 필요하다. 이상발효 유산균은 효모가 당을 분해하여 생성한 과당을 초산으로 분해한다. 확산으로 유기산 농도가 높아지면 효모도 활성이 떨어진다. 스티프 르방은 수분율이 낮기에 효모의 활성에 영향을 주는 유기산의 확산이 리퀴드 르방에 비해 늦다. 따라서 효모가 더 오랜 기간 활발하게 활동하여 더 많은 과당을 만들고, 이상발효 유산균은 이를 먹고 더 많은 초산을 만든다. 스티프 르방의 효모 개체 수가 더 적지만 리퀴드 르방보다 발효력이 좋다(반죽을 더 잘 부풀게 한다)고 하는 것도 낮은 수분율에서 유기산 확산 속도가 느려 효모의 활성이 유지되기 때문이다. 활성이 유지되는 동안 이산화탄소를 계속 배출한다.

유기산은 발효식품의 풍미에 큰 영향을 미친다. 빵도 예외가 아니다. 젖산은 은은한 신맛이 난다. 요구르트의 신맛이 바로 젖산의 맛이다. 요구르트의 신맛은 부드럽지만 좀 지루한 맛이다. 초산은 젖산보다 강한 산으로 식초처럼 강한 신맛이 난다. 강렬한 신맛으로 양이 많으면 불쾌하나, 적당한 양의 초산은 침샘을 자극하고 입맛을 돋운다. 요리사들이 요리의 맛을 최대한 끌어올리기 위해 식초 몇 방울을 더하는 이유이다. 스티프 르방의 초산 생성량이 리퀴드 르방보다 많다. 스티프 르방으로 발효한 빵이 리퀴드 르방으로 발효한 빵보다 풍미가 더 좋다고 하는 이유일 것이다.

빵맛과 관련하여 젖산과 초산 생성량만큼 중요한 것이 두 유기산 사이의 비율이다. 이를 FQ(Fermentation Quotient)라 한다. 젖산과 초산 분자량 비율이며, (젖산 생성량×80)/(초산 생성량×60)으로 계산한다. FQ는 발효음식의 풍미를 평가하는 대표적인 지표로 르방빵의 풍미 평가 시에도 유용하게 활용된다. 5 이하에서 빵의 풍미가 가장 좋은 것으로 알려져 있다. 스티프 르방은 1.2, 리퀴드 르방은 1.5로 두 르방 모두 이 범위 안에 있다.

르방빵 풍미와 관련 있는 또 다른 인자인 유리 아미노산(Free Amino Acid, FAA)도 두 르방 사이에 유의미한 차이를 보였다. 유리 아미노산은 발효를 통해 감칠맛을 내는 풍미 성분으로 변하기도 하고, 빵을 굽는 과정에서 마이야르 반응으로 새로운 풍미 성분이 된다. 따라서 유리 아미노산이 많을수록 빵의 풍미는 더욱 풍성해진다. 스티프 르방의 유리 아미노산이 리퀴드 르방보다 훨씬 높았다. 효모 개체 수 차이로 인한 결과이다. 효모는 증식을 위해 아미노산을 소비한다. 리퀴드 르방의 효모 개체 수가 스티프 르방보다 많아 더 많은 아미노산을 소비한다. 따라서 리퀴드 르방의 유리 아미노산이 스티프 르방보다 낮다.

드디어 스티프 르방과 리퀴드 르방의 차이에 대한 의문이 풀렸다. 같은 조건에서 수분율만 달라져도 르방 미생물 활성과 개체 수가 변하고 그로 인해 르방 특성과 풍미가 달라진다. 심지어 하나의 스티프 르방을 원래 수분율대로 키운 스티프 르방과 수분율을 높여 키운 리퀴드 르방의 성질이 서로 달라진다는 사실이 놀랍다.

# 4-9

# 르방 발효의 복잡 다양한 풍미 성분

복잡하고 다양한 풍미는 최근 르방빵이 인기를 끄는 가장 큰 이유일 것이다. 빵의 풍미에 영향을 미치는 요인은 다양하다. 그중 가장 큰 영향을 주는 것이 발효이다. 특히 빵 속살의 풍미에 발효의 영향은 절대적이다. 르방빵 발효 시 반죽에 있는 효모와 유산균은 활발한 대사작용으로 다양한 휘발성 풍미 성분을 만들어 낸다(그림 43)[53].

유기산, 에탄올, 알데하이드, 에스테르 등이 대표적이다. 이들 풍미 성분은 매우 다양하며, 밀 르방빵과 호밀 르방빵에서 각각 98종, 71종이 발견되었다[54]. 풍미 성분의 이름은 읽기도 외우기도 어려우니 모두 생략하고 이들 풍미 성분이 내는 향을 열거해 보겠다.

풀 향, 기름진 향, 에탄올 향, 오일 향, 과일 향, 양파 향, 캐러멜 향,

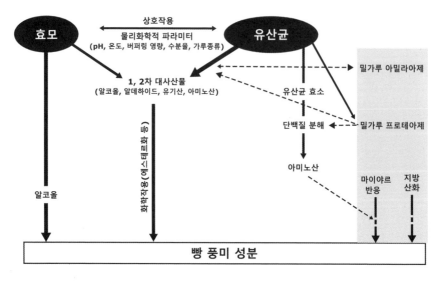

• [그림 43] 르방 미생물의 풍미 성분 생성 •

농익은 과일 향, 아몬드 향, 프레쉬 향, 달콤한 향, 나뭇잎 향, 꽃 향, 로스팅 향, 맥아 향, 코코아 향, 커피 향, 견과류 향, 체리 향, 버건디 와인 향, 베리 향, 제스트 향, 레몬 향, 히아신스 향, 흙 향, 멜론 향, 오렌지 향, 장미 향, 오이 향, 바이올렛 향, 초콜릿 향, 복숭아 향, 콘플레이크 향, 아니스 향, 사과 향, 토마토 향, 바나나 향, 감자 향, 채소 향, 시나몬 향, 치즈 향, 우유 향, 크림 향, 금속 향, 봉선화 향, 식초 향, 고무 향, 플라스틱 향, 파 향, 나무 향, 모란 향, 버섯 향, 꿀 향, 코코넛 향, 위스키 향, 와인 향, 라벤더 향, 허브향, 박하 향, 고수 향, 레몬그라스 향, 제라늄 향, 딜 향, 브로콜리 향, 블루베리 향, 금나물 향,

빵맛의 비밀

파르메산 치즈 향, 열대과일 향, 탄 향, 메이플 향, 캔디 향, 목화 향, 콩 향, 코냑 향, 과일 파이 향, 럼 향, 파인애플 향, 살구 향, 배 향, 브랜디 향, 비누 향, 라즈베리 향, 포도 향, 버터 향, 옥수수 향, 배추 향, 무 향, 고기 향, 감초 향, 미모사 향, 바닐라 향, 펜넬 향, 소나무 향, 담배 향, 구운 햄 향⋯

르방 발효로 낼 수 있는 풍미가 이렇게나 많다. 르방빵 한 덩이에 이 모든 풍미 성분이 들어있다는 건 물론 아니다. 르방과 반죽을 어떻게 발효하느냐에 따라 풍미가 달라진다. 다른 말로 하면 발효를 조절함으로써 내 르방빵만의 풍미를 만들어 낼 수 있다. 프랑스 스타 베이커 에릭 케제르처럼 말이다.

"내 tourte[22]에선 벌꿀과 잘 말린 양골담초꽃 향이 난다. 구멍 숭숭 난 빵을 씹으면 섬세한 꽃내음이 하나씩 스쳐 지나간다. 호밀 르방빵에서는 따뜻한 오리엔트 스파이스, 벌꿀, 잣 송진, 감초, 아니스 향을 느낄 수 있다."

---

22) 둥근 모양의 큰 밀 르방빵이다. 불(boule) 또는 미슈(miche)라고도 한다.

# 4-10

# 스타터를 배양하는 동안 생기는 변화

　스타터는 물과 밀가루 또는 호밀 가루를 섞어 7일 이상 미생물을 배양한 결과물이다. 스타터 만들 때 〈그림 44〉와 같이 배양일에 따라 스타터에 있는 유산균 종류가 달라진다. 스타터 내 유산균은 세 단계로 변화한다. 스타터를 처음 만들 때, 처음 2~3일 동안 세균과 Enterococcus, Lactococcus, Leuconostoc, Weissella 등 제1그룹의 다양한 유산균이 번식한다. 스타터를 만들 때 2~3일 차에 르방이 갑자기 부푸는 건 제1그룹 유산균 중 특히 Leuconostoc 종 유산균의 급격한 증식 탓이다.

　하지만 4~5일 차에는 무슨 일이 있었냐는 듯 스타터가 조용해진다. 6일 차에 스타터는 다시 부풀기 시작한다. 이때 Pediococcus,

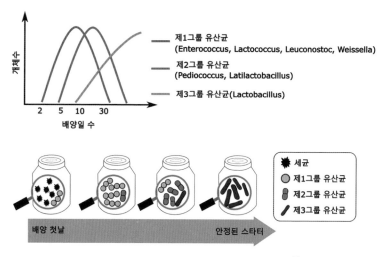

Latilatobacillus 등 제2그룹 유산균이 나타난다. 제2그룹 유산균은 정상발효 유산균과 이상발효 유산균으로, L. delbrueckii, L. farciminis, L. plantarum, L. fermentum, L. brevis, L. fermentum 등이 이 시기에 나타나는 대표적인 유산균이다. 스타터를 10일 이상 배양하면 제3그룹인 Lactobacillus 유산균이 우점종[23]이 된다. 이들 유산균은 이상발효 유산균이다. 스타터 배양 기간이 길어질수록 스타터 내 미생물의 다양성은 감소한다. 이런 변화는 스타터의 산성화로 인한 결과이며, 산성 환경에 더 잘 적응하는 이상발효 유산균이 우점종이 된다.

---

23) 생태학 용어로 생물군집에서 가장 많은 개체 수 또는 생물량을 갖는 종을 일컫는다.

Baek 등은 스타터 배양 기간에 따른 스타터 특성과 유산균 군집 변화를 연구하였다[56]. 23℃에서 5시간 스타터를 발효시킨 후 4℃에서 19시간 보관하며 24시간을 주기로 20일간 계대배양한 스타터를 분석하였다. 스타터의 수분율은 100%이고, 계대배양 시 전날의 스타터 25%를 접종하였다.

〈그림 45〉처럼 pH가 시간에 따라 빠르게 떨어진다. 첫날 측정한 데이터가 없어 그래프에서 확인할 수 없지만, 발효 전 밀가루와 물 혼합물의 pH가 6~7 사이의 값임을 감안하면 배양 초기부터 pH가 상당히 빠르게 떨어진다는 것을 알 수 있다. pH는 14일까지 계속 떨어져 3.8에 이른 후 안정화된다. 이 과정에서 산에 대한 저항성이 낮은 제1그룹에 속한 Leuconostocs 종의 유산균은 낮은 pH에서 생존할 수 없기에 자연스럽게 도태되고 그 자리를 산성에 대한 저항성이 높은 유산균이 차지한다. 참고로 Leuconostocs 종의 유산균은 pH가 5.4~5.7에서 가장 높은 활성을 보인다.

계대배양이 거듭될수록 스타터 내 유산균 개체 수가 변한다(그림 46). 통성 이상발효 유산균 L. curvatus 개체 수는 배양 기간 내내 계속 감소하며 특히 11일 이후 급격히 감소한다. 편성 이상발효 유산균 L. brevis는 11일까지 개체 수가 증가하다가 11일 이후 급감한다. 반면, 같은 편성 이상발효 유산균 F. sanfranciscensis는 계속 증가하며 11일 이후 증가 속도가 둔화한다. 이 실험 결과를 통해서도 스타터의

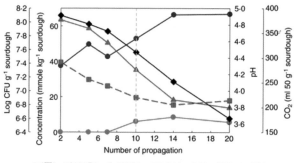

pH(■), 젖산(●), 초산(●), CO₂(▲), 효모 개체 수 (◆)

• [그림 45] 배양 과정 중 스타터 환경 변화 •

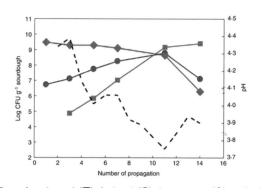

F. sanfranciscensis(■), L. brevis(●), L. curvatus (◆), pH(--)

• [그림 46] 배양 기간에 따른 유산균 개체 수 변화 •

배양 기간이 길어질수록 스타터 내의 유산균 종 다양성이 감소하며
편성 이상발효 유산균, 특히 F. sanfranciscensis가 우점종이 됨을 확
인할 수 있다. 대부분의 제1형 르방에서 F. sanfranciscensis가 발견

되는 이유이다. 효모 개체 수는 배양 기간이 길어질수록 감소한다(그림 45). 스타터를 1년 이상 배양하면 효모 개체 수가 다시 늘어난다는 연구 결과도 있다.

　지금까지 인류가 수천 년간 사용해 온 르방을 파헤쳐 보았다. 르방은 르방에 최적화된 유산균과 효모가 어울려 사는 작은 미생물 생태계이다. 이 생태계의 구성원이 가루에 있는 먹이를 먹고 배출한 대사물질이 풍미, 질감 등 빵의 다양한 측면에 영향을 미친다. 르방에 사는 미생물의 개체 수와 종은 환경에 따라 달라질 수 있다. 효모빵과 달리, 베이커가 자신만의 특색있는 르방빵을 구울 수 있는 비결은 바로 르방에 있는 미생물에 있다. 이어서 자신만의 빵맛을 내기 위한 스타터 관리법을 알아보자.

# 4-11

# 스타터 관리

    스타터는 풍미, 크기, 속살 식감, 크러스트 색과 식감 등 빵의 모든 측면에 영향을 준다. 빵 품질과 품질의 일관성을 유지하기 위해 스타터의 특성을 일정하게 유지하는 것이 매우 중요하다. 효모와 유산균 군집의 안정성과 높은 활성을 유지하는 것이 스타터 유지관리의 목표이다. 스타터의 특성에 미치는 영향이 가장 큰 유지관리 인자는 가루 종류, 수분율, 온도, 접종량, 리프레쉬 빈도이다. 〈표 13〉에 이들 인자가 스타터에 미치는 영향을 요약하였다.

표 13. 유지 관리 인자가 스타터에 미치는 영향

| 인자 | 미치는 영향 |
|---|---|
| 가루 종류 | 미생물 군집 안정성, 발효속도, 풍미 |
| 수분율 | 미생물 활성, 개체 수, 풍미 성분, 발효속도 |
| 온도 | 미생물 활성, 개체 수, 풍미 성분, 발효속도 |
| 접종량 | 산성화 속도, 미생물 활성 |
| 리프레쉬 빈도 | 미생물 군집 안정성 |

## 1. 가루 종류

스타터 리프레쉬에 사용하는 가루는 스타터 내 미생물 군집 조성, 발효제로서의 성능, 빵 풍미에 영향을 준다. 스타터를 리프레쉬하면 가루에 있는 미생물이 스타터에 들어온다. 미생물 군집이 안정화되지 않은 스타터에서는 새로 들어온 미생물에 의해 미생물 군집이 바뀔 수 있다. 수분율이 낮은 스타터에서 리프레쉬를 너무 자주 하면 이런 현상이 발생할 수도 있다. 르방 내 미생물 개체 수가 상대적으로 적기 때문이다. 하지만 오래 배양한 스타터에서는 몇 종의 미생물이 굳건히 자리 잡고 있는 안정화된 상태이므로 가루를 따라 새로 유입된 미생물은 자리 잡지 못하고 사멸한다.

가루는 스타터 내 미생물에게 탄수화물과 아미노산 등 영양소와 페놀산, 아밀라아제 효소, 미네랄 등 비영양소를 공급한다. 미생물에 따라 선호하는 먹이가 다르고, 가루마다 영양소와 비영양소가 다르므로 리프레쉬에 사용하는 가루 종류가 미생물 군집 구성과 활성에 영향을 준다. 곡물의 종류에 따라 미생물의 종류와 개체 수 비율이 달라지는 것을 앞서 살펴보았다(제2부 1–3절 참조).

비영양소 중 아밀라아제 효소는 전분을 당으로 분해하여 미생물의 먹이를 제공한다. 호밀처럼 가루의 아밀라아제 효소 함량이 높으면 당 공급량이 많고 유산균은 더 빨리 유기산을 생성하여 산성화 속도가 높아진다. 발효 시간이 길면 빵에서 신맛이 나기 쉽다. 산성화 속도가 높아지면 산성 환경에 저항성이 약한 미생물은 사멸하고 산성에 강한 미생물만 살아남는다. 빠른 산성화 속도는 효모의 활성에도 영향을 준다. 당 공급량이 많아지면 효모도 활발한 대사 활동을 통해 에탄올을 더 많이 내놓아 에탄올에 약한 미생물이 사멸한다. 에탄올은 미생물을 죽이는 강력한 살균제다. 가루의 페놀 성분과 미네랄 성분도 스타터 미생물 군집에 영향을 미친다. 아마란스, 퀴노아, 메밀로 키운 스타터의 미생물 종이 다른 가루로 키운 미생물 종과 다름을 앞서 소개하였다(표 7, 표 8 참조).

가루에 따라 스타터 내 미생물 군집이 달라진다는 점은 베이커에게 중요한 의미가 있다. 가루를 통해 미생물 군집을 바꾸고 이를 통해 새로운 풍미를 만들 수 있다는 점이다. 베이커는 새로운 빵 풍미를 만들 수 있는 강력한 도구 하나를 갖게 된다.

## 2. 수분율

생명체가 생명을 유지하는데 물보다 중요한 것은 없다. 물은 생태계에서 우점종의 분포, 생물종간의 역학관계를 지배하는 주요 요인이다. 스타터의 미생물 생태계에 미치는 영향 또한 절대적이다. 수분율에 따라 유산균과 효모의 활성이 달라진다(그림 47). 활성은 유산균과 효모가 가루에 있는 영양분을 먹고 대사산물로 유기산, 이산화탄소, 풍미 성분 등을 배출하는 생명 활동을 일컫는다.

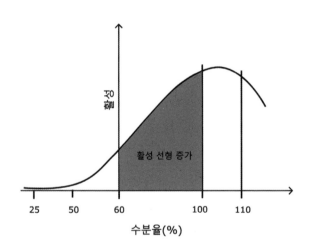

· [그림 47] 수분율에 따른 효모와 유산균 활성 변화 ·

수분율 45% 이하에서는 효모와 유산균의 활성이 거의 없다. 45~50%에서 활성이 시작되어, 60~100% 사이에서는 선형으로 가파르게 증가한다. 100~110% 구간에서 최대 활성을 보인 후, 110% 이상이 되면 빠르게 감소한다. 수분율에 따른 활성의 변화는 주로 영양분에 접근성과 효소 활성화와 관련이 있다. 수분율이 낮으면 효소에 물이 공급되지 않아 효소가 활성화되지 않고 미생물의 먹이가 되는 당분과 아미노산을 생성할 수 없다. 먹이가 적으므로 미생물의 활성이 떨어진다. 반대로 수분율이 너무 높으면 영양분이 물에 너무 희석되어 먹이에 대한 접근성이 떨어지고 그 결과 활성이 낮아진다.

수분율은 스타터의 발효속도에도 영향을 준다. 〈그림 48〉은 수분율

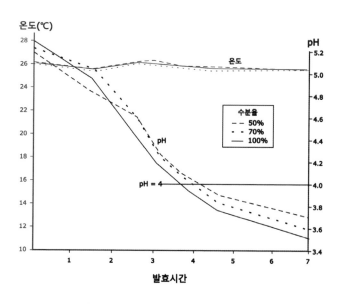

• [그림 48] 수분율이 발효속도에 미치는 영향 •

50%, 75%, 100%의 르방 반죽을 7시간 동안 발효하면서 온도와 pH를 측정한 결과이다. 밀가루는 맷돌 제분한 T80을 사용하였다. 수분율 100%의 호밀 통밀 스타터를 20%, 천일염 1.8%를 넣었고, 25.5℃에서 발효하였다. 수분율이 높을수록 pH가 더 빨리 낮아진다. 수분율이 높을수록 유산균의 활성이 높아지고 이에 따라 젖산과 초산 생성량이 빠르게 늘기 때문이다. pH가 4에 도달하는 시간은 수분율 100% 르방과 50% 르방 사이에 1시간 차이가 난다. 참고로 pH 4는 발효를 끝내고 반죽을 오븐에 넣어야 하는 시점이다.

수분율은 유산균과 효모의 증식 속도에도 영향을 준다. 앞서 스티프 르방과 리퀴드 르방을 비교하면서 언급한 바 있다(표 11을 참조하라). 수분율이 높으면 유산균과 효모의 증식이 빨라 개체 수가 빠르게 늘어난다. 낮은 수분율에서는 유산균과 효모 모두 증식 속도가 느리며, 유산균 증식 속도가 효모보다 빨라 유산균과 효모 개체 수 비율이 더 커진다. 르방에서 유산균과 효모의 개체 수 비율이 일반적으로 10:1~100:1이므로, 스티프 르방에서는 245:1이었음을 기억할 것이다.

수분율은 빵 풍미에 결정적인 영향을 주는 유기산 생성량에도 영향을 준다. 수분율이 낮은 르방이 높은 르방에 비해 초산과 젖산 생성량이 더 많다. 또한, 초산 생성량이 젖산보다 상대적으로 더 높기에 FQ

는 수분율이 낮은 르방이 높은 르방보다 낮다. 스티프 르방으로 발효한 르방빵의 풍미가 리퀴드 르방으로 발효한 빵에 비해 풍미가 더 좋다고 하는 이유가 여기에 있다. 하지만 이 결론을 받아들이기 전에 한 가지 생각해 볼 것이 있다. 르방은 당연히 그럴 수 있다. 하지만 반죽은 어떨까? 수분율이 리퀴드 르방처럼 높은 반죽이 있는가? 반죽의 수분율은 60~80%로 스티프 르방보다 약간 높은 수준이 아닌가? 리퀴드 르방으로 발효하던 스티프 르방으로 발효하던 반죽이 발효되며 생성되는 유기산은 스티프 르방의 그것과 비슷하지 않을까?

## 3. 온도

온도는 수분율과 함께 르방 미생물에 미치는 영향이 가장 큰 요인이다. 시프만Siepman 등에 따르면, 미생물 대사 활동의 결과인 르방빵의 물리 화학적 특성과 풍미 성분 생성에 온도가 미치는 영향이 44%로 여러 요인 중 영향이 가장 크다[57]. 온도에 따라 유산균이 우세할지 효모가 우세할지, 유산균 중 어떤 유산균이 우세할지 결정된다. 미생물의 증식과 활성도 온도의 영향을 받는다.

유산균과 효모의 활성은 온도에 따라 서로 비슷하면서도 다른 양상을 보인다(그림 49). 유산균은 10℃ 이하에서 활성이 거의 없다. 20~30℃에서 선형적으로 증가하며, 30~35℃ 구간에서 최고치를 기

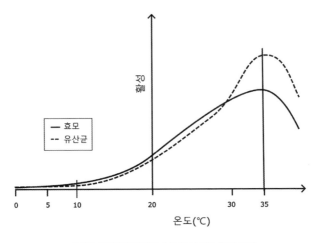

• [그림 49] 온도에 따른 효모와 유산균 활성 변화 •

록한 후 35℃ 이상에서 급격히 감소하여 70~80℃에 사멸한다. 유산균 활성이 선형 증가하는 20~30℃ 구간에서 온도가 1℃ 상승하면 유산균 활성은 약 7% 증가한다. 이를 제빵 공정을 조정하는 데 활용할수 있다. 시골빵을 25℃에서 1차 발효 3시간, 2차 발효 2시간으로 총5시간 발효한다고 가정해 보자. 발효가 끝나는 시점에 오븐에 공간이 없어 40분이 지난 후에야 오븐에 여유가 생긴다. 이때 발효 온도를 23℃로 2℃ 낮춤으로써 발효 시간을 42분(300분×2℃×7%/℃=42분) 지연시켜 이런 상황에 유연하게 대처할 수 있다.

효모의 활성은 기본적으로 유산균의 활성과 비슷하다. 다만, 저온활성은 유산균과 차이가 있다. 효모는 5℃ 이하에서 활성이 거의 없다. 10℃ 이하에서 활성이 거의 없는 유산균과 다른 점이다. 저온에서 유산균과 효모 활성의 차이는 반죽의 저온 발효 특성에 큰 영향을 준다. 많은 빵집이 저온 발효를 채택하고 있고 저온 발효를 적용하는 홈베이커도 늘고 있으니 이 특성을 이해하는 건 의미가 있다. 저온 발효는 반죽을 3~8℃로 온도가 설정된 냉장고에 넣어 발효를 지연하는 방식이다. 이 온도에서 유산균은 활성이 거의 없고 효모만이 낮은 활성을 유지한다. 따라서 유산균 발효 산물인 젖산과 초산이 거의 생성되지 않아 발효 풍미가 거의 없는 맛이 밋밋한 빵이 된다. 저온 발효 시 빵 풍미를 개선하려면 냉장고에 넣기 전 반죽을 20~30℃ 환경에 2~3시간 두어 유산균이 활동할 수 있는 시간을 주면 된다.

저온 발효 시 효모와 유산균의 상호작용도 흥미롭다. 저온에서 유산균의 활성이 현저히 떨어지므로 효모의 활성을 방해하는 유기산 생성량이 적다. 따라서 효모는 활성에 영향을 받지 않아 더 많은 이산화탄소를 생성하고 이산화탄소는 물에 용해되어 반죽에 축적된다. 따라서, 저온 발효한 빵이 오븐에서 더 크게 잘 부푼다. 효모는 대사산물로 과당을 생성한다. 저온에서 효모가 활성을 유지하므로 더 많은 과당을 생성한다. 유산균은 효모가 내놓은 과당을 먹고 초산을 생성한다. 저온 발효한 반죽에서 더 강한 신맛이 나는 이유이다. 익숙한 이야기가 아닌가? 맞다. 앞서 수분율이 낮은 르방에 대해서 같은 설명을 했다. 낮은 온도와 낮은 수분율이 미생물에게 주는 영향은 비슷하다.

온도는 스타터나 반죽에 있는 미생물 종 구성에도 영향을 준다. 유산균은 30~40℃에서 증식이 가장 빠르다. 효모는 25~27℃에서 가장 빨리 증식하며, 37℃ 이상 온도에 24시간 이상 두면 사멸한다. 유산균은 종에 따라 좋아하는 온도가 다르다. 따뜻한 온도(20~37℃)에서는 Lactobacillaceae 속의 유산균이 우세하고, 서늘한 온도(10~15℃)에서는 Fructilactobacillus, Leuconostoc, Weissella 속의 유산균이 우점종이 된다. 따뜻한 온도에서는 젖산을 생성하는 정상발효 유산균이 우세하고 서늘한 온도에서는 젖산과 초산을 생성하는 이상발효 유산균이 우세하다고 보면 된다. 우점종의 종류에 따라 유기산이 다르고 이에 따라 빵 풍미도 달라진다. 따뜻한 온도에서는 젖산이 더 많이 생성되어 빵에서 요구르트같이 부드러운 신맛이 나고, 서늘한 온도에서 발효하면 초산이 많이 생성되어 더 강한 신맛과 함께 더 풍성한 맛이 난다고 기억하면 된다.

## 4. 스타터 양과 리프레쉬 주기

르방을 유지 관리할 때 리프레쉬가 필수이다. 리프레쉬는 새로 가루를 더해 르방 미생물에게 먹이를 공급하는 것이다. 리프레쉬할 때 기존 스타터의 일부를 물과 가루에 더한다. 이를 접종한다고 한다. 기존 스타터 접종량은 스타터에 영향을 준다. 기존 스타터에는 유산균

220                                                    빵맛의 비밀

과 효모가 있고 유기산, 에탄올, 풍미 성분 등 대사산물도 들어있다. pH도 낮다. 접종량에 따라 스타터의 특성이 달라진다. 가장 큰 영향을 받는 건 발효속도다. 접종량이 많을수록 유산균과 효모 개체 수가 많으므로 발효는 더 빠르게 진행된다.

접종량은 유산균과 효모의 증식에도 영향을 준다. 접종량이 적을수록 유산균이 효모보다 빠르게 증식하고, 접종량이 많을수록 효모가 유산균보다 빠르게 증식한다. 효모가 유산균보다 산성 환경에 더 잘 버티기 때문이다. 접종량이 많을수록 pH가 낮은 산성 환경이 된다. 이상의 원리는 반죽에도 그대로 적용된다. 반죽에 더하는 르방 양에 따라 반죽의 발효속도와 유산균과 효모의 증식 속도가 달라진다. 발효 시간을 짧게 하고 싶으면 르방을 많이 넣으면 된다. 빵이 더 잘 부풀게 하려면 르방 양을 늘리면 된다. 단, 르방의 활성이 높아야 한다.

리프레쉬 주기도 스타터의 특성에 영향을 준다. 모든 생명체는 잘 먹어야 건강하고 활력이 있듯이 르방 미생물도 리프레쉬를 통해 먹이를 자주 공급해 줘야 건강하게 활성을 유지한다. 하지만 리프레쉬를 너무 자주 하면 미생물이 충분히 증식하여 안정된 개체 수에 이르지 못한 상태에서 가루를 통해 새로 유입된 미생물에 의해 미생물 조성이 바뀔 수 있다. 특히 수분율이 낮은 스티프 르방에서 이럴 가능성이 크다. 미생물 조성이 달라지면 스타터의 특성이 달라진다. 리프레쉬 주기가 너무 길면 신맛이 너무 강해지고, pH가 너무 떨어져 미생물의 활성이 떨어진다. 스타터 리프레쉬는 일반적으로 하루에 한 번 한다. 하루에 두 번 하는 베이커리도 있다.

# 4-12

# 온도와 수분율로
# 빵 풍미 조절하기

　빵 풍미는 젖산과 초산, 에탄올, 휘발성 풍미 성분 등 유산균과 효모 대사물질의 결과이다. 앞서 살펴본 대로 온도와 수분율에 따라 유산균과 효모 활성, 군집 구성이 달라지고 이에 따라 유산균과 효모의 대사물질도 달라진다. 온도와 수분율을 조절하면 원하는 빵 풍미를 만들어 낼 수 있다.

　〈그림 50〉은 온도와 수분율에 따른 젖산과 초산의 생성량을 보여준다. 발효 온도는 유산균 활성 범위인 10~35℃, 수분율은 스티프 르방의 수분율인 50%에서 리퀴드 르방의 수분율 100%까지 표시하였다. 오른쪽 위 영역은 고온 고습 환경으로 유산균이 활동하기에 최적이다. 이 영역에서 유산균은 젖산을 주로 생성하므로 르방에서는 요

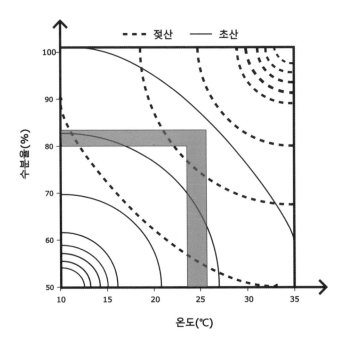

• [그림 50] 발효 온도와 반죽 수분율에 따른 르방빵 풍미 변화 •

구르트처럼 부드러운 신맛이 난다. 반대로 왼쪽 아래 영역은 유산균
이 살아가기 어려운 저온 저습의 극한 환경이다. 유산균은 초산을 주
로 생성하며, 이에 따라 식초의 강한 신맛이 난다. 젖산이 주를 이루
고 초산이 적당하게 더해졌을 때 가장 이상적인 빵풍미를 만들어 낸
다. 발효 온도 24~26℃, 반죽 수분율 80~82%에서 젖산과 초산으로
인한 풍미 균형이 가장 이상적이다. 〈그림 50〉에서 회색으로 칠해진
영역이다.

베이커마다 추구하는 르방빵의 풍미가 다르다. 산미가 강한 빵을 굽고자 하는 베이커는 반죽의 수분율을 낮추거나 발효 온도를 낮추면 된다. 신맛이라면 질색하는 이는 반죽의 수분율을 올리거나 발효 온도를 높임으로써 원하는 풍미를 만들어 낼 수 있다. 반죽 수분율과 발효 온도에 따른 유기산 생성 원리를 이해하면 자신이 추구하는 풍미를 내는 르방빵을 자유자재로 구울 수 있다.

# 4-13

# 어떤 상태의 스타터를
# 사용할 것인가?

　스타터를 반죽에 사용하기에 가장 좋은 시점을 결정하는데 시간에 따른 스타터 변화에 대한 이해가 도움이 된다. 리프레쉬 후 스타터는 〈그림 51〉과 같이 3단계로 변화한다. 리프레쉬로 새로운 먹이가 공급되면 미생물은 활발하게 활동을 시작한다. 개체 수가 늘어나고 대사물질도 더 많이 만들어 낸다. 기포가 커지면서 서서히 부풀어 오른다(어린 스타터). 스타터 안과 표면 가득 기포가 생긴 후(잘 익은 스타터), 기포는 수많은 작은 기포로 나뉘고 스타터는 서서히 꺼진다(과발효 스타터). 부피 변화와 더불어 스타터의 풍미도 시간에 따라 달라진다. 처음에 나던 밋밋한 밀가루 향이 달콤한 요구르트 향으로 바뀌고 다시 톡 쏘는 식초 향으로 바뀐다.

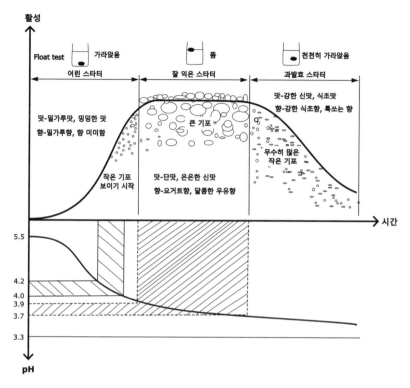

활성

Float test 가라앉음  뜸  천천히 가라앉음

어린 스타터 | 잘 익은 스타터 | 과발효 스타터

맛-밀가루맛, 밍밍한 맛
향-밀가루향, 향 미미함

큰 기포

작은 기포
보이기 시작

맛-단맛, 은은한 신맛
향-요거트향, 달콤한 우유향

맛-강한 신맛, 식초맛
향-강한 식초향, 톡쏘는 향

무수히 많은
작은 기포

시간

5.5

4.2
4.0
3.9
3.7

3.3

pH

• [그림 51] 시간에 따른 스타터의 변화 •

리프레쉬 이후 시간이 지남에 따라 유산균 대사산물인 유기산 생성량이 늘면서 pH는 계속 감소한다. pH가 3.3에 이르면 유산균은 활성을 멈추고 휴면상태에 들어간다. 이 상태로 며칠 동안 리프레쉬하지 않으면 스타터 표면에 짙은 회색의 액체hooch가 생긴다. 더 오래 두면 액체 위쪽에 하얀색 곰마지가 생긴다.

스타터를 반죽에 사용할 때 미생물 활성과 풍미 측면에서 어린 스타터나 잘 익은 스타터를 사용해야 한다. 어린 스타터와 잘 익은 스타터의 특징을 〈그림 51〉에 표시하였다. 관건은 어린 스타터인지 스타터가 잘 익었는지 어떻게 판단할 것인가이다. 경험이 많은 베이커는 부피, 기포 양과 형태 등 스타터의 모양이나 향만으로도 자신이 원하는 사용 시점을 판단할 수 있다. 스타터를 물에 띄워보는 방법floating test도 있다. 경험이 많지 않은 베이커가 사용할 수 있는 방법이다. 어린 스타터는 스타터 내부에 이산화탄소가 충분히 생성되지 않았으므로 물에 넣자마자 가라앉는다. 잘 익은 스타터는 물에 잘 뜨고, 과발효된 스타터는 천천히 가라앉는다. 대부분의 레시피에서는 물에 뜨는 스타터를 사용하라고 되어있다. 물에 띄워보는 방법이 직관적이긴 하지만 스타터의 상태를 정확히 판단하기엔 충분치 않다.

pH를 이용하는 방법도 있다. 사용법이 간단한 전용 도구로 측정할 수 있으므로 경험이 많든 적든 누구든 쉽게 활용할 수 있다는 장점이 있다. 어린 스타터의 pH는 4.0~4.2, 잘 익은 스타터의 pH는 3.7~3.9, pH 3.7 이하는 과발효된 스타터라고 본다. pH 4.0~4.2의 어린 스타터는 활성이 아직 최대점에 이르지 못하였으므로 적당한 발효력을 만들기 위해 반죽에 사용 시 사용량을 늘려야 한다. 어린 스타터는 일반적으로 젖산 생성에 유리한 환경, 즉 높은 수분율과 고온 조건에서 만들며, 장시간 발효에 주로 사용한다. 반죽을 저온발효하여 다음 날 굽는 공정에 자주 사용된다. 스타터 발효 시에 젖산을 주로 생성하고, 저온 발효 시에는 초산을 주로 생성하여 젖산과 초산의 비율을 맞추는 방법이다. 타르틴 베이커리의 시골빵 발효와 유럽 대형 베이커리의 제2형 르방을 사용한 르방빵 발효에 이 방법을 사용하고 있다.

pH 3.7~3.9의 잘 익은 스타터에서 미생물 활성은 최대이고, 풍미도 최적이다. 상온에서 4~6시간 발효하는 발효 공정에 사용하면 좋다. pH 3.7 이하로 과발효된 스타터는 쓰지 않는 게 좋다.

# 5장

## 제빵효모

# 5-1

# 제빵효모의 역사

19세기 제빵효모만으로 구운 빵이 유럽에 재등장했다. 카이저 젬멜 Kaiser Semmel 롤이다. 오스트리아 빵으로 카이저 롤의 원형이다. 오스트리아 밖에서는 1867년 파리 만국박람회에서 소개되어 선풍적인 인기를 끌었다. 미국 과학위원회 소속으로 1873년 비엔나 만국박람회를 참관한 호스포드E. N. Horsford는 카이저 젬멜을 다음과 같이 칭송하였다[58].

"비엔나에 있는 모든 호텔과 식당에서 카이저 젬멜이라는 빵을 제공한다. 카이저 젬멜은 둥글고, 폭신한 밀빵이다. 뜨겁진 않으나 언제나 신선하다. 노릇하게 구운 크러스트가 먹음직스럽고, 속살은 희다. 가볍고 속살엔 기공이 균일하게 있다. 산미가 전혀 없고, 기분 좋은 향이 나고, 사카린을 넣지 않았음에도 단맛이 나며, 버터나 조미료를 넣지 않았는데도 맛이 좋아 많이 먹어도 절대로 물리지 않는다. 이에 비해 프랑스빵은 몇 수 아래다."

카이저 젬멜 롤이 출현하기 전, 주식빵은 르방으로 발효하였다. 브리오슈와 같이 달콤한 빵을 구울 때만 제빵효모를 사용하였다. 효모가 생성하는 이산화탄소를 이용하여 빵을 더 부풀리기 위함이었다. 19세기까지 제빵사들은 달콤한 빵 발효를 위한 발효제를 얻기 위해 근처 맥주 양조장을 찾았다. 맥주 양조에 사용되는 효모를 얻기 위함이었다. 맥주 양조 중 맥즙[24] 안에 있던 당분을 모두 분해하여 먹이가 부족해지면 효모는 〈그림 52〉와 같이 서로 달라붙는다. 그 모양이 크림 같다. 19세기 초 네덜란드의 맥주 양조장에서 크림 형태의 효모를 판매하기 시작하였다. 이 크림 형태의 효모는 오스트리아에도 전파되어 큰 인기를 끌었다.

1825년 테벤호프Tebbenhof는 혁신적인 효모 제조법을 개발하였다. 크림 형태의 효모에서 수분을 제거하여 큐브 형태의 효모를 만든 것이다. 큐브 모양의 효모는 크림 형태보다 운반과 보관이 쉽다는 장점이 있다. 1867년 오스트리아인 라이밍하우스Reiminghaus는 필터 프레

---

24) 맥아를 높은 온도에서 끓여 낸 당도가 높은 액체로 맥주의 원료이다.

• [그림 52] 맥주 발효통의 효모 크림 •

스 방식을 적용하여 효모 제조 방식을 또 한 번 혁신하여 생효모 대량 생산의 길을 열었다. 그때 생산한 생효모는 지금 유통되는 생효모와 같은 모양이다. 비엔나 공정이라고 불린 이 공정으로 생산된 생효모는 프랑스 전역으로 팔려나갔다. 생효모와 함께 비엔나빵도 프랑스에 전해져 대도시를 중심으로 인기를 끌기 시작했다. 비엔나빵의 인기는 프랑스의 대표 빵인 바게트의 탄생으로 이어졌다.

고대 이집트인들이 그랬듯 베이커들은 아주 오랫동안 맥주 양조효모를 제빵에 사용하였다. 1860년대에 들어서야 비로소 제빵효모가 제품화되었다. 1860년대 프랑스, 독일, 네덜란드, 오스트리아 등지에서 갑자기 제빵효모가 제품으로 개발되어 유통된 이유는 뭘까? 그 배

경엔 맥주 양조 방식의 변화가 있다. 1860년대는 맥주 양조 방식의 격변기였다. 에일에서 라거로 양조 방식에 급격한 전환이 이루어졌다.

에일 맥주를 상면 발효 맥주, 라거를 하면 발효 맥주라고 한다. 상면 발효 맥주 양조 시 맥즙 발효가 끝나면 효모가 크림 형태로 발효통 위로 떠 오른다. 표면에 떠오른 크림을 뜨기만 하면 손쉽게 효모를 얻을 수 있다. 하지만 라거는 발효가 완료되면 효모가 발효통 바닥으로 가라앉는다. 더는 효모를 구할 수 없게 된 것이다. 에일에서 라거로의 급격한 전환은 양조장 수에서도 확인할 수 있다. 맥주를 물처럼 마시던 보헤미아 왕국의 양조장 현황을 통해 이를 확인해 보자. 에일 맥주를 생산하는 양조장의 비율이 1860년 67.5%에서 1870년 2.1%로 급감했다. 에일 맥주를 제조하는 양조장이 없어졌으니 효모 크림을 구하기가 어려워졌다. 몇 년 사이 공급은 뚝 끊겼지만, 맥주효모에 대한 수요는 그대로였다. 수요는 있으나 공급이 제한된 시장, 라이밍하우스 같은 영민한 사업가에겐 아주 좋은 사업 기회였을 것이다. 참고로 상면 발효 맥주효모와 하면 발효 맥주효모는 서로 다른 종이다. 전자는 사카로미세스 세레비지에 종으로 제빵효모와 같은 종이다. 후자는 사카로미세스 파스토리아누스S. pastorianus이다.

생효모의 상업화로 제빵효모 공급은 원활해졌지만, 생효모에는 한 가지 중대한 결함이 있었다. 짧은 수명이다. 생효모는 수분율이 70~75%로 높아서 시간이 지나면 효모의 활성이 떨어지고 그 결과 반죽이 잘 부풀지 않는다. 매일 대량의 효모를 사용하는 베이커리에서는 전혀 문제 될 것이 없지만 가끔 조금씩 빵을 굽는 홈 베이커는 생효모 대부분을 버려야 한다.

효모의 수명을 늘리는 가장 효과적인 방법은 건조다. 1899년 독일 미생물학자 칼 린드너Carl Lindner가 건조효모 생산법을 개발하였다. 효모를 건조하고 입자로 만드는 생산 공정을 고안해 냈다. 새 공정으로 생산된 건조효모는 안정하여 보존 기간이 길고, 저장과 운송도 편했다. 하지만, 건조과정에서 효모 대부분이 휴면상태에 들어가 사용 시 효모를 활성화하는 특별한 공정이 필요했고, 시간도 오래 걸렸다. 이런 이유로 베이커리와 홈베이커들에게 외면받았다. 생효모를 구하기가 상대적으로 어려운 지역에서 제한적으로 사용되었다.

1940년대 효모의 활성을 유지한 건조효모가 개발되었다. 제2차 세계대전 중 미국에 있는 효모 생산업체인 플라이쉬만Fleischmann이 개발한 활성 건조효모가 그 주인공이다. 미군의 전방 부대에서 배급 빵을 굽기 위해 오래 보관할 수 있고 활성이 뛰어난 건조효모가 필요했다. 전쟁으로 생효모 공급이 원활하지 않게 되자 홈베이커들 사이에서도 건조효모 수요가 급증했다. 플라이쉬만은 글루타티온과 같은 대사 자극제를 건조효모 입자에 소량 추가하였다.

그 결과 효모 사용 시 효모 활성화를 위한 특별한 공정이 필요 없어졌고 활성화 시간을 단축하여 쉽고 빠르게 사용할 수 있게 되었다. 낮

표 14. 제빵효모 제품 비교

| | 수분(%) | 보존 기간 | 보관 | 사용법 |
|---|---|---|---|---|
| 효모 크림 | 80~85 | 2주 | 냉장 | 반죽에 바로 사용 |
| 생효모 | 72 | 개봉 후 2~3주 | | 반죽에 바로 사용 |
| 활성 건조효모 | 8 | 미개봉 시 1~2년<br>개봉 후 4~6달 | 서늘한 곳,<br>냉장 | 미지근한 물에 풀어<br>사용 |
| 인스턴트 건조효모 | 5 | 미개봉 시 2년<br>개봉 후 1년 | | 반죽에 바로 사용 |

은 활성 탓에 건조효모 사용에 미온적이었던 미군 부대 내 베이커리에서도 플라이쉬만의 활성 건조효모를 적극적으로 사용하였다. 하지만 활성 건조효모도 사용 전 미지근한 물이나 우유에 풀어 효모의 활성을 깨워야 하는 번거로움은 여전했다. 문제가 있으면 해결책이 나오는 법, 이번엔 프랑스에서 해결책이 나왔다.

1970년대 프랑스의 르사프르에서 인스턴트 건조효모를 출시하였다. 르사프르는 유럽 최대의 효모 제조사다. 인스턴트 건조효모는 제조 공정에서 개별 효모 표면에 유화제를 코팅하여 효모들이 서로 뭉치지 않게 한다. 인스턴트 건조효모를 물에 넣으면 즉시 녹는다. 인스턴트 건조효모는 활성 건조효모와 달리 반죽에 넣기 전 활성화 과정이 필요 없다. 다른 제빵 재료처럼 물과 밀가루에 넣고 바로 반죽하면 된다. 효모 사용이 더 간편해졌다. 현재 판매되고 있는 제빵효모 제품

**표 15. 효모 간의 사용량 변환계수**

|  | IDY로 변경 | 활성 건조효모로 변경 | 생효모로 변경 |
|---|---|---|---|
| IDY | – | 1.33 | 3 |
| 활성 건조효모 | 0.75 | – | 2.28 |
| 생효모 | 0.33 | 0.44 | – |

IDY: 인스턴트 건조효모

의 특성을 〈표 14〉에 정리하였다.

제빵효모는 서로 바꾸어 쓸 수 있다. 다만, 다른 제빵효모를 사용할 때 수분율을 고려하여 사용량을 조정해야 한다(표 15). 예를 들어, 레시피에 있는 인스턴트 건조효모를 생효모로 바꾸려면, 인스턴트 건조효모의 3배만큼 생효모를 넣으면 된다. 반대의 경우엔 사용량을 1/3로 줄이면 된다.

# 5-2

# 효모의 발효와 호흡

효모는 버섯이다. 우리에게 익숙한 표고버섯이나 느타리버섯과 같은 버섯이다. 다만, 효모가 이들 버섯과 다른 점은 하나의 세포로 이루어졌다는 것과 하얀 실과 같은 균사체를 형성하지 않는다는 점이다. 버섯이 포자를 형성하여 새로운 개체를 만드는 것과 달리 효모는 출아를 통해 증식한다. 출아는 어미 효모에서 혹이 성장하여 떨어져 나와 새로운 개체가 되는 현상이다. 출아를 통해 개체 수가 2배씩 늘어난다. 적당한 환경에서 90분이면 출아를 통해 새로운 개체를 형성한다. 24시간이면 개체 수가 2의 16승 즉 65,536배가 된다. 효모 하나가 하루 지나면 65,536개가 된다는 말이다. 엄청난 번식력이다.

**표 16. 효모의 호흡과 발효 비교**

|  | 호흡 | 발효 |
|---|---|---|
| 산소 | 풍부 | 부족 |
| 먹이 | 풍부 | 부족 |
| 포도당 하나 분해 시 에너지(ATP) 생성량 | 36–38 | 2 |
| 대사 부산물 | 물, 이산화탄소 | 에탄올, 이산화탄소, 풍미 성분 |
| 효율 | 높음 | 낮음 |
| 활용 | 효모의 에너지 생산 | 제빵, 양조, 요구르트 |

　효모는 다른 생명체와 마찬가지로 당을 먹고 생명을 유지할 에너지를 얻는다. 주로 포도당을 먹는다. 효모는 에너지를 만드는데 호흡과 발효라는 두 가지 서로 다른 대사 작용을 활용한다(표 16). 산소와 먹이가 풍부한 좋은 환경에서는 호흡을 통해 다량의 에너지를 생성한다. 산소가 없고 먹이도 부족한 열악한 환경에서는 발효를 통해 소량의 에너지를 만들며 근근이 버텨낸다. 호흡과 발효는 만들어 내는 에너지양뿐만 아니라 대사 작용의 부산물도 서로 다르다. 호흡의 부산물은 물과 이산화탄소이고, 발효의 부산물은 에탄올, 이산화탄소와 각종 풍미 성분이다. 에탄올은 다른 미생물에 치명적인 독성 물질이다. 많지 않은 먹이를 다른 미생물로부터 지키기 위해 효모가 내놓는 전략 물품인 셈이다.

제빵, 양조에선 이산화탄소와 에탄올, 풍미 성분을 부산물로 만들어 내는 발효를 주로 이용한다. 반죽을 위해 밀가루에 물, 소금, 효모를 넣고 섞으면 섞는 동안 반죽에 공기가 들어간다. 밀가루에는 약 2%의 설탕이 들어있다. 산소도 있고 먹이도 있는 상태이다. 반죽 발효 초기에는 호흡이 주된 대사 작용이다. 하지만 반죽 속 산소는 빠르게 소진되어 혐기 상태가 된다. 이때부터 발효가 시작된다.

호흡과 발효 두 가지 대사 작용은 증식과도 밀접한 관계가 있다. 좋은 환경에서는 호흡을 통해 만든 다량의 에너지를 출아에 사용하여 개체 수가 급격히 늘어난다. 반면, 환경이 열악하면 발효를 통해 힘겹게 생명을 이어가면서 효모는 개체 수를 느리게 늘린다. 이때는 두 효모가 반으로 쪼개진 후 반씩 합쳐져 새 개체를 형성하는 유성생식을 통해 개체 수를 늘린다. 유성생식은 출아보다 개체 수 증가 속도는 매우 느리지만, 두 개체의 유전자를 받은 개체가 생성되므로 유전적 다양성은 커진다. 이 두 가지 증식 방법은 효모가 발전시킨 효과적인 생존전략이다. 즉, 환경이 좋을 때는 빠르게 숫자를 늘려 경쟁자를 물리치며 영역을 차지하고, 환경이 좋지 않을 때는 유전적 다양성을 늘림으로써 좋지 않은 환경에도 잘 적응할 수 있는 개체를 만들어 종족을 보존한다. 효모가 어디에서나 살 수 있는 건 효모의 이런 생존전략 덕이다.

빵맛의 비밀

# 5-3

# 효모빵이 잘 부푸는 이유

제빵효모로 발효한 빵은 르방빵보다 훨씬 크게 잘 부푼다. 더 많이 부푸니 당연히 효모로 발효한 빵이 르방빵보다 더 폭신하고 크러스트는 더 바삭하다. 제빵효모는 사카로미세스 세레비지에로 르방에도 같은 종의 효모가 있다. 같은 효모임에도 두 빵이 다른 원인은 효모의 개체 수에 있다. 인스턴트 건조효모 1g에 100~200억 개의 효모가 들어있다. 앞서 르방에 있는 효모 개체 수를 소개했다. 스티프 르방과 리퀴드 르방에서 르방 1g당 효모 개체 수가 다른데, 각각 15,850개, 1,585,000개이다. 인스턴트 건조효모 1g에 있는 효모 개체 수는 스티프 르방의 약 1,260,000배, 리퀴드 르방의 약 12,600배이다. 제빵효모에 있는 효모 개체 수가 르방에 비해 월등히 많으니 더 많은 이산화탄소를 내뿜고 그 결과 반죽과 빵은 더 잘 부푼다.

## [제빵 노트] 제빵효모에 관한 오해

빵을 굽는 사람들 사이엔 다양한 미신이 있다. 제빵효모에 대해서도 그렇다. 그중 몇 가지를 소개해 본다. **제빵효모는 화학물질이다.** 가장 흔한 미신이다. 하지만 사실이 아니다. 제빵효모는 사카로미세스 세레비지에라는 효모를 증식한 것이다. 이 효모는 과일, 흙 속 등 자연에서 흔하게 볼 수 있는 미생물이다. 지금 이 책을 읽고 있는 당신이 빵을 굽는 분이라면 당신의 손에서도 살고 있다고 자신 있게 말할 수 있다. 다만, 제빵효모는 공장에서 대량으로 증식했다는 게 차이라면 차이이다. 심지어 대량 증식에 사용하는 재료 중에도 화학물질은 없다. 효모 균주를 넣고 사탕수수나 비트 당밀을 먹이로, 암모니아를 질소원으로, 철, 아연, 구리, 망간, 몰리브덴을 미량원소로 넣고, 공기를 쉼 없이 불어넣어 호기성 환경을 만들면 12~18시간 후 배양 탱크가 꽉 찰 정도로 효모가 증식한다. 이후 세척하고 수분을 제거한 후 벽돌 모양으로 압축하면 생효모 제품이 된다.

**제빵효모는 GMO다.** 두 번째 미신이다. 유전자 변형 효모가 있긴 하다. 심지어 많다. 인류가 최초로 게놈지도를 완성한 대상이 효모이다. 최초의 GMO도 효모이다. 현재 유전자 변형 효모를 이용하여 다양한

빵맛의 비밀

물질을 만들고 있다. 인슐린이 대표적이다. 하지만 상업화된 유전자 변형 제빵효모는 아직은 없다. 앞으로 상업화될 수는 있겠지만 소비자의 수용성, 정책의 수용성 등을 고려할 때 상업화가 그리 쉽지는 않을 것이다.

**효모빵은 맛이 없다.** 전형적인 편견이다. 프랑스에 가면 그 형태, 풍미, 맛에 감탄하며 먹는 바게트가 바로 제빵효모로 발효한 빵이다. 물론 르방빵의 복잡하고 다양한 풍미에 비해 바게트의 풍미가 조금은 단순하고 밋밋할 수도 있지만 잘 구운 바게트는 르방빵 못지않은 매력이 있다.

나는 르방빵을 주로 굽는다. 하지만 효모빵은 나쁘고 르방빵은 좋다는 주장에는 결코 동의할 수 없다. 그리고 효모가 그리 못 믿을 존재라 꺼려진다면 맥주, 와인 마시는 것도, 당뇨병 환자라면 인슐린 주사 맞는 것도 다시 한번 생각해 보시라. 이들 모두 효모의 부산물이니.

# [제빵 노트] 맥주효모로 빵을 구우면?

베이커가 최초로 사용한 효모는 상면 발효 맥주효모 즉 에일 맥주효모였다. 맥주효모와 제빵효모는 모두 사카로미세스 세레비지에 종 효모이다. 둘 간의 차이는 서울에 있는 홍길동과 부산에 있는 홍길동의 차이쯤으로 보면 될 것이다. 이름은 같지만 서로 다르다. 맥주효모는 맥주를 만드는 데 최적화되어 있다[59]. 액체 발효에 적합하고, 에탄올과 풍미 성분을 많이, 잘 만든다. 제빵효모는 상대적으로 낮은 수분율에서 진행되는 발효에 적합하고, 에탄올과 풍미 성분을 만들지만, 맥주효모에 비해 못하나, 이산화탄소를 많이 만드는 데 최적화되어 있다. 〈그림 53〉은 효모 종류에 따른 이산화탄소 생성량이다. 제빵효모의 이산화탄소 생성량이 르방 내 효모나 맥주효모보다 훨씬 더 높음을 확인할 수 있다.

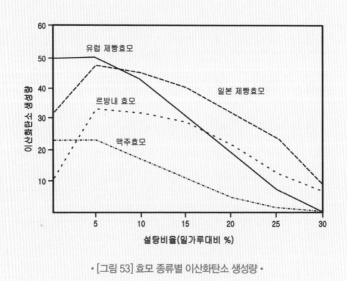

• [그림 53] 효모 종류별 이산화탄소 생성량 •

그런데 맥주효모로 빵을 구우면 어떨까? 구글의 생성형 AI인 제미나이에게 물어봤다. 답변이 너무 걸작이라 조금 각색하여 실어본다.

**평범함을 뛰어넘는 깊은 맛과 쫄깃한 식감 선사!**

맥주효모로 빵을 만든다는 건 처음 듣죠? 하지만 이 맥주효모가 빵 세계에 독특한 맛과 식감을 선사하는 새로운 주인공으로 떠오르고 있습니다!

풍미의 혁명: 맥주효모는 제빵효모와 달리 맥아와 과일 같은 깊은 맛을 냅니다. 빵 표면에 은은한 홉 향이 어리고, 속살에선 단맛이 살짝살짝 나는, 제빵효모로는 만들어 낼 수 없는 풍미의 세계를 경험할 수 있습니다. 마치 빵으로 만든 수제 맥주 같은 느낌이죠!

천천히, 하지만 확실하게: 빨리 부푸는 제빵효모와 달리 맥주효모는 시간을 들여 천천히 일합니다. 발효 시간이 길어질 수 있지만 걱정하지 마세요. 이 느린 속도 덕에 맛은 더 깊어지고 탄탄한 글루텐 구조가 형성됩니다. 밀도가 높고 쫄깃한 식감을 가진 맛있는 빵을 기대하세요!

내 안의 빵 양조사: 맥주효모의 세계는 다양합니다. 과일 향이 나는 에일 효모에서 깔끔한 라거 효모까지, 맥주효모는 각자 독특한 개성을 지니고 있습니다. 다른 효모로 실험을 해보고 레시피를 바꿔보세요. 그러는 사이 당신의 빵이 어떻게 변화하는지 지켜보세요! 마치 술을 빚듯 빵을 빚는 맛있는 모험을 시작해 보세요!

맥주효모빵 초보자를 위한 팁:

시작은 미약하게. 제빵효모를 완전히 버리지는 마세요. 먼저 제빵효모의 10~20%를 맥주효모로 바꿔보고, 익숙해지면서 점차 비율을 늘리세요.

레시피 조정하기. 발효 시간이 길어지면 레시피도 조정해야 합니다. 물을 약간 늘리고 소금을 조금 줄이면 최적의 결과를 얻을 수 있습니다.

모험을 즐기세요. 맥주효모로 빵을 굽는 것은 모험입니다. 항상 완벽한 결과를 기대하지 마세요. 독특한 풍미를 발견하는 것도 재미의 하나입니다.

준비되셨나요? 지금 바로 맥주효모 한 봉지를 들고 밀가루와 섞어보세요. 평범하지 않은 빵을 만드는 맥주 마법을 경험해 보세요!

# 5-4

# 르방빵과 제빵효모빵의 차이

르방빵과 제빵효모로 발효한 빵 비교로 제2부를 마무리하려 한다. 효모빵과 르방빵은 빵의 품질, 보존성, 풍미와 맛이 서로 다르다. 두 빵의 특징은 〈표 17〉과 〈그림 54〉와 같다.

르방빵과 효모빵의 부피, 속살 기공의 특성, 크러스트의 특성 차이는 발효 중 효모가 내놓는 이산화탄소량 차이로 인한 결과이다. 앞서 소개했듯 제빵효모의 개체 수는 르방에 있는 효모 개체 수의 12,600~1,260,000배에 달한다. 개체 수가 많으니, 효모가 생성하는 이산화탄소량도 많고 이에 따라 반죽과 빵은 더 크게 부푼다. 반죽의 바깥 부분인 크러스트에도 효모빵이 르방빵보다 더 많은 기공이 형성

### 표 17. 효모빵과 르방빵의 특징

| 특성＼빵 종류 | 효모빵 | 르방빵 |
|---|---|---|
| 부피 | 크다 | 작다 |
| 속살 기공 | 작고 균질 | 크고 불균질 |
| 크러스트 | 얇고 바삭 | 두껍고 질깃 |
| 풍미 | 섬세하고 미세함 | 복합적이고 신맛 |
| 보관성 | 짧다 | 길다 |
| 혈당지수 | 높다 | 낮다 |
| 미네랄 흡수력 | 낮다 | 높다 |

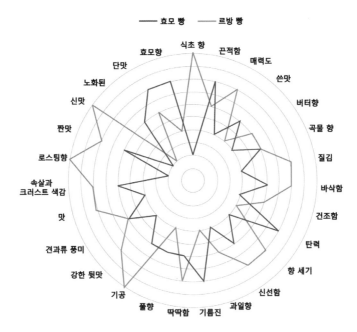

• [그림 54] 효모빵과 르방빵 특성 비교[60] •

빵맛의 비밀

된다. 기공이 많을수록 기공 벽이 얇아져 크러스트는 얇고 더 바삭해진다. 속살 기공의 형태, 크기, 수는 믹싱 시 반죽에 유입되는 공기량, 반죽 수분율, 미생물이 내놓는 이산화탄소량에 영향을 받는다.

효모빵과 르방빵의 맛과 풍미 차이는 주로 유기산의 차이에 기인한다. 효모와 유산균의 풍미 성분도 다르긴 하지만, 두 빵의 풍미에 있어 결정적인 차이는 젖산과 초산이 만든다. 빵 풍미와 관련하여 한 가지 덧붙이자면 밀 본연의 풍미를 잘 살리려면 르방 발효보다는 효모 발효가 더 낫다는 점이다.

빵의 보관성 측면에서 르방빵이 효모빵보다 낮다. 보관성은 노화와 부패를 의미하며, 유산균이 생성하는 엑소폴리사카라이드(exopolysaccharide, EPS), 유기산과 밀접한 관련이 있다. EPS는 유산균이 생성하는 다당류로 높은 흡수율로 빵에 있는 물을 잡아놓아 전분의 재결정화로 인한 노화를 지연한다. 노화는 전분 재결정화의 결과이며, 전분 재결정화를 위해서는 수분이 필요함을 앞서 설명했었다. 유기산도 EPS와 마찬가지로 물 분자와 결합하여 노화를 지연한다. 유기산은 또한 다른 미생물에 독성을 가지고 있으므로 유해 미생물에 의한 빵의 부패도 방지한다.

효모빵과 르방빵은 혈당지수에도 차이가 있다. 빵과 몇몇 음식의

표 18. 빵의 혈당지수

| 분류 | 혈당지수 | 음식 |
|------|---------|------|
| 낮음 | <55 | **통밀 또는 준 통밀 르방빵**, 콩, 곡물, 다크 초콜릿, 육류, 유제품 |
| 중간 | 55~70 | **통밀 효모빵**, 백미, 파스타 |
| 높음 | >70 | **백밀 효모빵**, 감자, 수박, 스포츠음료 |

혈당지수를 〈표 18〉에 정리하였다. 르방빵이 효모빵보다 혈당지수가 낮은 이유는 낮은 pH, EPS와 유기산의 영향이다. 혈당지수는 음식물 섭취 후 2시간 동안 혈액 내 혈당(포도당) 증가 속도를 나타내는 지표로 혈당지수가 높을수록 혈액 내 포도당 증가 속도가 높다. 혈당지수는 음식에 있는 포도당 또는 포도당으로 쉽게 분해되는 단당류의 양에 영향을 받는다. 르방 발효 시 유기산에 의해 pH가 낮아지면 다당류를 단당류로 분해하는 아밀라아제의 활성이 낮아진다. 결과적으로 다당류가 단당류로 잘 분해되지 않아 혈당지수를 떨어뜨린다. 또한, 아밀라아제가 다당류를 분해하려면 물이 필요한데 EPS와 유기산이 반죽에 있는 물을 흡수하여 아밀라아제로 가는 물을 제한하여 다당류 분해를 방해하는 것도 르방빵의 혈당지수가 낮은 원인 중 하나이다.

마지막으로, 곡물에 있는 미네랄의 장내 흡수력에도 차이가 있다. 르방빵의 미네랄 흡수력이 효모빵보다 높다. 곡물엔 철, 칼슘, 아연,

마그네슘, 구리 등 식물에 자라는 데 필요한 각종 미네랄 성분이 들어 있다. 이들 미네랄 성분은 피트산과 결합해 있어 섭취 시 인체에 흡수되지 않는다. 피트산 분해 효소 피타제는 pH 5 이하에서 가장 활성이 높다. 르방 발효 시 pH는 5 이하이므로 피트산이 잘 분해되며 피트산에서 분리된 미네랄 성분이 소화기관에서 쉽게 흡수된다.

효모빵과 르방빵 모두 고유의 특징과 장점이 있다. 둘 중 어떤 빵을 구울 것인가는 결국 베이커 선호의 문제이다. 하지만 그 선호를 딱 부러지게 정하는 건 생각보다 쉽지 않다. 이 점에선 레이몽 깔벨 교수도 예외는 아니었다.[61]

"많은 사람이 효모빵과 르방빵 중 어떤 빵이 나은지 물어온다. 이 질문을 받을 때마다 답변하기가 참 난감하다. 두 발효법은 모두 훌륭한 빵을 구워낼 수 있다고 확신하기 때문이다. 효모빵은 고상하고 섬세한 맛과 풍미가 난다. 특히 밀 자체의 풍미가 잘 살아있는 빵을 굽는 데 최적이다. 반면, 르방빵은 좀 더 강하고 쨍한 신맛이 난다. 1932년에서 1936년 사이 한창 빵을 굽던 나는 프랑스 남부의 시골에서는 르방빵을 주로 구웠고, 도시인 파리와 툴루즈에선 효모빵을 구웠다. 당시에도 그랬지만 지금도 둘 중 어느 하나를 더 좋아하는지 묻는다면, 나는 대답하지 못하겠다. 고백건대 나는 두 방법 모두를 사랑한다."

**빵, 먹을 수 있는 아름다움.** 화가 살바도르 달리Salvador Dali의 작품에는 유독 빵이 많이 등장한다. 달리는 수많은 그림에 빵을 그렸고, 행위예술의 도구로 빵을 사용했다. 심지어 빵으로 가구를 만들기도 했다. 그는 자서전에서 "사람이 할 수 없는 것, 빵은 할 수 있다"고 말했다. 빵은 우리 시대의 정신적, 창의적, 도덕적, 사상적 허기를 채워준다고 했다. 빵은 지적 호기심, 창조 욕구를 채워줄 뿐 아니라 타인과 소통의 도구가 되기도 한다. 달리에게 빵은 먹을 수 있는 아름다움이다. 자신의 작품도 빵처럼 매일 소비되기를 바랐는지도 모른다.

출처: Retrospective Bust of a Woman, 살바도르 달리 1933년 작

# 제3부

# 빵 굽기

빵맛은 실로 복잡하다. 제3부에서는 빵 공정의 마지막 단계인 굽기가 빵맛에 미치는 영향을 분석했다. 겉바속촉에 매료되는 이유와 그 비밀, 크러스트 대 속살의 비율, 오직 빵만이 낼 수 있는 풍미인 마이야르 반응 등 빵 굽기 단계에서 결정되는 식감과 풍미, 모양 등을 다루었다. 맛있는 빵을 굽는 게 쉽진 않지만, 제빵공정을 잘 조절함으로써 빵의 모양, 식감, 맛과 풍미를 얼마든지 만들어 낼수 있다.

# 6장

## 겉바속촉

# 6-1

# 겉바속촉에 매료되는 이유

세상이 온통 겉바속촉이다. 튀긴 통닭, 군만두, 고기구이, 생선구이 등 바싹 튀기거나 구운 음식에 겉바속촉이 따라다닌다. 드라마 대사도 겉바속촉이고, 심지어 겉바속촉인 사람 성격도 등장했다. 버터 층과 반죽 층이 겹겹이 쌓여있는 페이스트리는 당연히 겉바속촉이어야 하고, 바게트나 시골빵도 잘 구운 겉바속촉이어야 한다.

우리는 왜 이렇게 겉바속촉에 열광할까? 우리가 겉바속촉에 매료되는 이유 중 하나가 소리이다. 소리는 맛에 많은 영향을 준다. 눅눅해진 새우깡을 먹어본 적이 있다면 바삭하는 소리가 맛에 얼마나 중요한지 단박에 이해될 것이다. 음식을 베어 물거나 씹을 때 나는 소리를 통해 우리는 음식의 질감을 판단한다. 바게트는 한 입 베어 물었을 때 바삭한 소리가 나야 제맛이다. 눅눅해져 고무처럼 질긴 바게트는 누구에게도 환영받지 못한다. 바삭한 빵을 선호하는 이유는 바삭함이 신선함의 척도이기도 하거니와 바삭하고 부서지는 순간 소리를 통해 통쾌함을 느끼기 때문이다[62]. 소리는 데시벨(dB)로 측정한다. 아삭한 사과를 베어 물 때 나는 소리는 70~80dB이고, 잘 구운 바게트를 베어 물 때 나는 바삭한 소리는 70~75dB이다.

음식을 씹을 때 나는 소리의 주파수가 높으면 단 향을, 낮으면 쓴 향을 느낀다[63]. 옥스퍼드대 실험심리학자 크리시넬Crisinel 등은 실험을 통해 냄새와 소리 사이의 대응 관계를 분석하였다. 13명의 여성 참가자에게 생강쿠키, 건자두, 볶은 원두, 크렘브륄레, 당절임 오렌지, 붓꽃, 머스크 향을 맡게 한 후, C2(64.4Hz), C3, C4, C5, C6(1,046.5Hz) 중 향을 가장 잘 표현하는 음을 고르게 하였다. C4가 높은음자리의 낮은 도(우리에게 익숙한 바로 그 도이다) C3는 한 음계 낮은 도 C5는 한 음계 높은 도이다. 참가자들은 머스크, 원두커피, 생강 쿠키처럼 쓴 향은 낮고 둔탁한 음을, 당절임 오렌지, 붓꽃처럼 단 향은 높고 밝은 음을 선택하였다(그림 55).

향을 맡은 후 그 향에 맞는 음을 찾는 실험이었지만, 소리와 향과의 연관 관계라는 측면에서 보면 소리가 어떤 향을 연상케 하는 반대의 경우에도 유효하다. 즉 밝고 높은음은 단맛을 연상시키고, 둔탁하고 낮은음은 쓴맛을 연상시킨다. 잘 구운 바게트나 빵의 바삭함에 매료

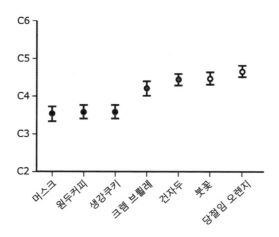

• [그림 55] 향기와 소리 높낮이의 관계 •

되는 이유는 빵이 바삭하고 부서지며 내는 밝고 높은음에서 단맛, 신

선함을 연상하고 통쾌함을 느끼기 때문이다.

# 6-2

# 겉바속촉의 비밀

　겉바속촉의 비밀은 겉과 속 질감의 대비에 있다. 겉은 바삭하고 속은 촉촉하고 부드러워야 한다. 빵의 바삭함과 촉촉함은 상반되는 질감이지만 같은 요인의 영향을 받는다. 바로 수분율과 기공의 구조이다. 수분이 적으면 바삭해지고 많으면 촉촉해진다. 고온의 오븐에서 반죽 표면의 수분이 증발하면서 만들어지는 크러스트는 수분율이 매우 낮아 바삭하다. 수분율이 매우 낮은 비스킷이 바삭한 것과 같은 이치다. 하지만 시간이 지남에 따라 크러스트의 바삭함은 점점 사라지는데 빵 내부의 수분이 크러스트로 이동하거나 공기 중의 수분이 크러스트로 이동해서 눅눅해지기 때문이다. 빵 속의 촉촉함은 높은 수분율에 의한 전분 호화의 결과이다. 호화전분은 정상 전분보다 더 촉촉한 질감을 갖는다. 시간이 지남에 따라 빵 속의 수분이 공기 중으로 이동하며 이에 따라 속살은 촉촉함을 잃고 푸석해진다.

　기공의 구조도 겉바속촉을 결정한다. 질감은 기공 구조, 특히 두 공기주머니 사이의 벽체 두께에 영향을 받는다. 기공 구조는 기포와 두 기포 사이의 벽체로 이루어진다. 기포가 많을수록 벽체 두께가 얇아진다. 벽체의 두께가 얇을수록 크러스트는 더 바삭해지고, 속살은 더 부드럽게 느껴진다. 벽체 두께가 얇으면 빵을 씹을 때 느껴지는 저항감이 줄어들기 때문이다.

# 7장

# 보기 좋은
# 빵이 맛있다

# 7-1

# 빵 모양

　나는 책을 통해 처음 빵을 익혔다. 당시 내 빵 선생은 미국 타르틴 베이커리의 오너 베이커 채드 로버트슨이 쓴 《타르틴 브레드》였다[64]. 그립감 좋은 표지엔 타르틴 시골빵이 천연색으로 큼지막하게 인쇄되어 있다. 빵빵하게 잘 부풀었고, 칼집도 시원스럽게 열렸으며, 노릇노릇하게 잘 구워진 크러스트는 한입 베어 물면 바삭하는 소리와 함께 부서질 듯하다. 사진을 보는 것만으로 군침이 도는 빵이다.

　모양은 빵의 첫인상을 결정한다. 첫인상으로 빵이 맛있을지 또는 맛이 없을지를 판단한다. 떡이든 빵이든 보기 좋은 것이 맛있는 법이다. 빵이 맛있게 보이는 데는 몇 가지 요소가 있다. 첫째, 잘 부푼 빵이다. 빵이 떡과 다른 근본적인 이유는 식감이다. 빵은 폭신하고 부드럽고 떡은 쫀득하다. 밀가루에 있는 글루텐 단백질이 반죽에서 글루텐 구조를 형성하여 발효 중에 미생물이 내뿜는 이산화탄소를 포집하여 부풀기 때문에 빵은 폭신하고 부드럽다.

　빵을 잘 부풀게 하기 위해선 글루텐 구조를 잘 만들고 오븐에 구울 때까지 잘 유지하는 게 중요하다. 밀가루 글루텐 품질, 치대기, 반죽의 수분율이 영향을 준다. 빵 모양은 오븐에서 결정되기에 굽기 공정이 무엇보다 중요하다. 굽는 온도, 스팀 등의 영향이 크다. 굽는 온도는 빵의 크기에 따라 달리해야 한다. 큰 빵은 낮은 온도에서 길게, 작은 빵은 더 높은 온도에서 짧게 구워야 한다. 큰 빵을 높은 온도에서 구우면 표면에서 수분이 증발하면서 크러스트가 일찍 형성되어 오븐 스프링을 제한하기 때문에 빵이 충분히 부풀지 못한다. 반대로 작은 빵은 빠른 시간 안에 오븐 스프링을 최대한 발생하게 해야 해서 보다 높은 온도에서 구워야 한다. 스팀은 표면을 촉촉하게 유지하여 크러스트 형성을 지연해 오븐 스프링에 영향을 주지 않으므로 빵이 잘 부풀게 한다.

# 7-2

# 칼집은
# 베이커의 사인 이상이다

칼집은 베이커의 사인이라고 한다. 바게트, 시골빵 등 린 브레드를 오븐에 넣기 전 날카로운 칼로 반죽 표면에 칼집을 낸다. 베이커마다 칼집을 내는 스타일이 다르므로 칼집 모양을 베이커의 사인이라고 한다. 칼집은 빵집의 사인이 되기도 한다. 뿌알란 미슈에는 뿌알란을 뜻하는 대문자 P가 크게 새겨져 있다. 칼집은 빵 품질을 평가하는 요소가 되기도 한다. 프랑스에서 매해 열리는 바게트 대회에 출품한 바게트를 평가할 때 칼집 모양은 주요 평가요소 중 하나이다. 심지어 몇 개의 칼집을 어떻게 내야 하는지 공식 지침이 있다.

칼집은 빵 크기와 모양에도 많은 영향을 준다. 칼집은 오븐에서 반죽이 구워지는 동안 반죽에 있던 이산화탄소와 수증기가 빠져나가는 통로가 된다. 기체가 빠져나가는 양상에 따라 빵 모양이 달라진다.

오븐 스프링을 제어하여 원하는 빵 모양을 만들 수 있다. 풍선에 공기를 불어 넣으면 어느 순간 풍선이 터진다. 풍선은 모든 방향으로 산산조각이 난다. 칼집 없이 반죽을 오븐에 넣으면 부풀다가 어딘가에서 무작위로 터진다. 칼집을 넣으면 칼집을 따라 기체가 빠져나가면서 칼집을 중심으로 부풀기 때문에 원하는 빵 모양을 만들 수 있다. 같은 이유로 칼집을 넣으면 빵이 더 크게 잘 부푼다.

칼집은 크러스트의 색과 질감에도 영향을 준다. 칼집이 난 반죽은 칼집 난 부위가 위로 들어 올려진다. 이 부분을 귀라고 한다. 귀 부분은 오븐 열을 받아 다른 부분보다 갈변현상이 더 강하여 더 짙은 색이 나고 더 바삭해진다. 또한, 마이야르 반응으로 생성된 풍미 성분으로 풍성한 맛을 낸다. 다이아몬드 모양 등 조밀한 칼집을 내면 더 바삭한 크러스트가 형성되어 빵에 재밌는 식감을 준다.

칼집은 내상의 구조에도 영향을 준다. 반죽 전체에 칼집을 내면 기체가 반죽에서 고르게 빠져나가기 때문에 속살에 기공이 비교적 균일하게 생성된다. 반면, 칼집을 부분적으로 내면 칼집 난 부분에서 가스 방출이 집중되면서 기공이 합쳐져 더 크고 불규칙한 기공이 만들어진다. 칼집은 베이커의 특성을 드러내는 사인 이상의 의미가 있다.

# 7-3

# 크러스트 대 속살 비율

베이커리에서는 작업 효율을 높이기 위해 한 반죽으로 여러 가지 빵을 굽는다. 르방빵 반죽으로 시골빵, 르방 바게트, 르방 롤을 굽는 식이다. 이들 빵은 같은 반죽으로 굽지만 오븐에서 나오면 완전히 다른 빵이 된다. 이런 차이를 만드는 건 크러스트와 속살의 비율이다. 롤처럼 작은 빵이나 바게트처럼 긴 빵은 크러스트 표면적이 넓어 크러스트/속살 비율이 높다.

크러스트/속살 비율에 따라 빵 모양이 달라진다. 속살에 비해 크러스트 비율이 높으면, 반죽 안에 있는 기체가 더 넓은 면적으로 더 크게 팽창할 수 있어 큰 기공이 불규칙하게 생긴다. 하지만 시골빵처럼 크러스트 대 속살의 비율이 낮은 빵은 팽창할 수 있는 면적이 상대적으로 작아 기공이 작고 속살 전체에 고르게 분포한다. 크러스트 대 속살 비율이 높은 빵은 오븐에서 더 빨리 부풀고 크러스트도 빨리 형성된다. 오븐 스프링을 적절하게 하려고 높은 온도에서 굽는다.

크러스트와 속살 비율에 따라 빵의 식감이 달라진다. 바게트처럼 크러스트 비율이 높으면 크러스트의 바삭함이 속살의 부드러움보다 더 지배적으로 느껴지고, 시골빵은 속살의 부드러움이 지배적이다. 마지막으로 크러스트와 속살 비율은 빵의 풍미에 영향을 준다. 크러스트 비율이 높으면 마이야르 반응에 의한 풍미 성분이 더 많이 생성되어 복잡하고 다양한 풍미를 주는 반면, 속살 비율이 높으면 속살의 풍미 즉, 발효로 인한 풍미와 밀가루 본연의 풍미가 더 지배적으로 느껴진다.

# 7-4

# 스팀의 매직

황금색으로 잘 구워진 크러스트, 유리처럼 반짝이는 광택, 잘 발달한 귀…. 바게트나 르방빵을 굽는 사람들의 로망이다. 이 로망을 실현하기 위해 베이커들은 값비싼 오븐 구매에 주저함이 없다. 이런 오븐이 비싼 이유 중 하나가 스팀 품질이다. 스팀은 빵 품질을 높이는 숨겨진 영웅이다.

스팀은 크러스트 색과 광택을 만들어 낸다. 스팀 양이 많을수록 크러스트 색이 진해지고 유리처럼 반짝이는 광택도 증가한다. 두 현상 모두 반죽 표면에 있는 전분이 호화된 결과이다. 전분이 호화되려면 물이 필요한데 오븐의 고온에 노출된 반죽 표면은 빠르게 마르므로 표면에 있는 전분이 호화되지 않는다. 스팀으로 수분을 공급하면 전분이 호화된다. 호화된 전분이 분해되어 생성된 덱스트린은 건조되면서 갈변현상이 일어나 짙은 갈색으로 바뀐다.

스팀은 크러스트를 얇게 하고 오븐 스프링 지속 시간을 늘려 빵이 커진다. 하지만 스팀 양이 과도하면 크러스트가 두꺼워지고 귀도 잘 생기지 않는다.

## [제빵 노트] 저희 빵은 저온에서 오래 발효한 빵이에요. 정말?

빵집을 다니다 보면 저온 장기 숙성 빵이라는 광고문구를 종종 발견한다. 저온에서 오래 발효한 빵이라니 왠지 좋은 빵처럼 느껴진다. 실제로 그렇다. 반죽을 오래 발효하면 풍미가 좋아지고, 영양분 소화 흡수가 쉬워진다. 르방빵은 EPS라는 다당류가 더 많이 생성되어 장내 미생

• [그림 56] 타르틴의 시골빵 •

빵맛의 비밀

물에게 좋은 먹이를 제공한다. 프리바이오틱스가 풍부한 빵이 되는 것이다. 그럼 저온 장기 숙성 빵을 구별하는 방법이 있을까? 물론 있다.

빵 표면의 자글자글한 작은 기포가 저온 장기 발효의 증거다. 〈그림 56〉은 타르틴의 시골빵이다. 빵 표면에 작은 기포가 잘 발달해 있다. 작은 기포가 생기는 원인은 완전히 밝혀지지 않았으나, 저온 발효할 때 또는 반죽이 얼었다 녹는 동안 이산화탄소 생성 속도가 느려지는 것이 원인일 것으로 추정하고 있다. 저온에서 물에 용해된 이산화탄소에 의해 기포가 생긴다는 주장도 있다. 저온에서 더 많은 이산화탄소가 물에 녹는다.

반죽 표면에 습기가 어느 정도 있어야 기포가 생긴다. 표면이 건조하면 기포가 생기지 않는다. 덧가루를 두껍게 입은 빵 표면에는 기포가 생기지 않는 이유이다. 기포는 저온 발효한 린 브레드에서 나타나지만, 리치 브레드에서는 흔치 않다. 이는 이산화탄소가 유지에 용해되지 않아 반죽 안에 축적되는 이산화탄소량이 적기 때문이다. 기포의 색은 주변 크러스트보다 옅다. 이는 기포 표면의 설탕이 희석되어 농도가 낮아지면서 갈변현상이 덜 일어나기 때문인 것으로 추정된다. 기포가 품질을 저해한다고 주장하는 이도 있지만 빵맛에 영향을 주진 않는다.

유럽에서는 기포를 품질 결함으로 생각하는 반면, 미국에서는 좋은 빵의 표상으로 간주한다. 이러한 차이는 빵의 신맛에 대한 선호와 관련이 있지 않을까 싶다. 유럽인들은 빵에서 나는 신맛을 좋아하지 않는다. 반면, 미국인은 빵의 산미를 좋아한다. 두 대륙 르방빵의 대표주자인 프랑스의 뿌알란 미슈와 미국 타르틴의 시골빵을 먹어보면 그 차이를 확연히 느낄 수 있다. 뿌알란 미슈에서는 부드러운 신맛이 은은하게 나지만, 타르틴 시골빵에서는 강한 산미가 두드러지게 느껴진다. 이런 산미의 차이는 발효 공정의 차이에 기인한다. 뿌알란 미슈는 실온에서 발효하지만, 타르틴의 시골빵은 저온 발효를 한다.

암튼 어느 빵집에서 저온 장기 숙성 빵이라는 광고를 접한다면 "정말?" 하며, 빵을 확인해 보자. 표면에 작은 기포가 있는지.

# 8장

# 오직 빵만이 낼 수 있는 풍미:
# 마이야르 반응

# 8-1

# 마이야르 반응은 pH와 수분에 제한

마이야르 반응은 발효음식 중 오직 빵만이 낼 수 있는 풍미의 비결이다. 새벽부터 분주하게 움직여 준비한 반죽을 오븐에 넣고 잠시 한숨을 돌리고 있노라면 오븐에서 맛있는 냄새가 뿜어져 나온다. 눅진한 버터 향도 나고 고소한 견과류 향도 나고 심지어 잘 구운 오징어 향도 났다. 전에 조그만 빵집을 할 때 가장 행복했던 순간을 꼽으라면 난 한 치의 주저함도 없이 이 순간을 꼽을 것이다. 이 순간 빵 표면에선 마이야르 반응이 한창 일어나고 있었을 것이다. 마이야르 반응은 고온에서 아미노산과 당이 반응을 일으켜 새로운 성분을 만드는 현상이다. 앞서 언급한 향과 크러스트의 구움색이 마이야르 반응의 결과이다. 당이 고온에서 풍미 성분을 만드는 갈변현상과는 차이가 있다.

마이야르 반응을 최초로 발견한 이는 프랑스 생화학자이자 내과 의사인 루이 까미유 마이야르Louis-Camille Maillard다. 1912년 고온에서 당분과 반응하면서 발생하는 아미노산의 화학적 변화에 대한 논문을 발표하였다. 아미노산과 당분을 같이 가열하면 갈색 색소와 캐러멜 향이 나며, 반응 과정에서 이산화탄소와 물이 생성되며, 온도가 높을수록, 가열 시간이 길수록 반응 속도는 증가하며, 반응 속도가 특별히 더 빠른 아미노산과 설탕이 있다는 것이 주요 내용이었다. 마이야르의 연구는 비만 치료 신약 연구가 주목적이었으나 이 반응이 빵맛과 형태에도 영향을 미칠 가능성이 있음도 언급하였다.

음식 분야에서 마이야르 반응이 본격적으로 관심을 받게 된 건 1950년대에 이르러서이다. 화학자 존 E. 홋지John E. Hodge가 마이야르 반응의 기작을 밝힌 논문을 발표하고 이 반응을 마이야르–홋지 반응이라 명명하였다. 홋지의 논문을 기점으로 마이야르 반응에 관한 연구가 봇물 터지듯 쏟아져 나왔다. 2005년 발족한 국제 마이야르 반응 학회는 연구자들의 교류의 장을 제공하고 있다. 이 학회에서는 음식뿐 아니라 노화, 비만과 질병의 치료법으로써의 마이야르 반응 연구 결과들이 발표되고 있다.

마이야르 반응은 여러 가지 요인의 영향을 받는다. 첫째, pH이다. 아미노산이 많을수록 마이야르 반응이 더 빨리, 더 강하게 일어난다. 프로테아제는 단백질을 아미노산으로 분해한다. 밀가루에 있는 프로테아제의 활성은 pH 4에서 가장 높다. 르방빵 반죽의 pH도 4에 가까워서 프로테아제에 의한 단백질 분해가 활발하게 일어나 결과적으로 마이야르 반응이 더 강하게 일어난다. 르방빵의 크러스트에서 갈변현상이 더 잘 일어나고 풍미가 더 좋은 이유이다. 또한, 높은 pH 즉 알칼리 조건에서도 단백질 분해가 빨라 마이야르 반응이 강하게 일어난다. 수산화나트륨에 담근 프레첼의 표면이 짙은 갈색이 나는 것도 수산화나트륨의 높은 pH에 의해 많은 양의 아미노산이 생성되기 때문이다. 참고로 수산화나트륨의 pH는 13~14로 pH의 최대치에 가깝다.

두 번째 요인은 수분이다. 물이 너무 많거나 적으면 마이야르 반응이 제한된다. 마이야르 반응은 수분율이 30~60%일 때 일어난다. 오븐에 스팀을 주입하면 크러스트 색이 진하게 나는 건 반죽 표면의 수분율을 마이야르 반응이 일어나기 좋은 수준으로 올려주기 때문이다. 반대로 오븐 문을 열고 빵을 구우면 크러스트 색이 나지 않는 건 빵 표면에 수분이 부족하여 마이야르 반응이 일어나지 않기 때문이다. 마지막 요인은 온도이다. 온도가 높을수록 반응이 빨리, 현저하게 일어난다.

마이야르 반응은 수많은 풍미 성분을 새롭게 만들어 낸다. 지금까지 알려진 것만도 이미 수천 종이다. 이들 풍미 성분으로 인해 노릇노릇하게 잘 구워낸 빵에서는 다른 발효음식에 없는 독특한 풍미가 난다. 로스팅 향, 견과류 향, 크래커 향, 달큰한 향, 캐러멜 향, 버터 향

등이다.

 우리나라 빵집에만 있는 치아바타가 있다. 겉이 하얀 치아바타다. 이런 치아바타를 먹는 건 세상에서 가장 복잡하고 매력적인 풍미를 포기하는 행위다. 부드러움을 위해 빵만이 낼 수 있는 풍미를 포기하지 말자.

# 빵은 먹을 수 있는 아름다움
# 빵은 하나의 예술 작품, 제빵 이론의 궁극

달리Salvador Dali 작품에 유독 빵이 많이 등장한다. 그는 수많은 그림에 빵을 그렸고, 행위예술의 도구로 빵을 사용했다. 심지어 빵으로 가구를 만들기도 했다. 달리는 자서전에서 "사람이 할 수 없는 것, 빵은 할 수 있다"라고 썼다. 빵은 우리 시대의 정신적, 창의적, 도덕적, 사상적 허기를 채워준다고 하였다. 그렇다. 빵이 채우는 건 단지 주린 배만이 아니다. 지적 호기심, 창조 욕구를 채워줄 뿐 아니라 타인과 소통의 도구가 되기도 한다. 달리에게 빵은 먹을 수 있는 아름다움이었다. 자기 작품도 빵처럼 매일 소비되기를 바랐는지도 모른다.

달리의 작품 속에서 빵은 예술이 되었듯이 빵 자체도 하나의 예술작품이라고 생각한다. 화가는 색채를, 조각가는 조각 도구를 사용한다. 색에 대한 깊이 있는 이해는 화가에게 표현의 자유를 가져다줄 것이고, 도구에 대한 이해 또한 조각가가 조각 작품으로 자신을 표현하는 데 큰 도움이 될 것이다. 제빵 이론에 대한 이해도 매한가지이다. 베이커가 빵을 통해 자신을 더 잘 표현하는 데 유용한 도구가 바로 제빵 이론이다. 자기가 잘 표현된 자신만의 빵을 굽기 위해 잘 벼른 칼 한 자루 정도는 가지고 있어도 되지 않을까?

책을 준비하며 많은 이들의 도움을 받았다. 무슨 일을 벌이든 격려해주고 응원해주는 아내와 딸은 항상 큰 힘이 되었다. 표현은 잘 못하지만 언제나 감사하다. 빵과 관련된 많은 의문에 대한 답을 찾는데 연구자들의 연구 결과에 많은 도움을 받았다. 이들의 연구가 있었기에 내가 가졌던 질문과 의문에 대한 답을 찾을 수 있었다. 자신의 귀중한 연구 결과를 학술지에 발표한 연구자들이 없었다면 이 책은 세상에 나오지 못했을 것이다. 해마다 햇밀장을 열며 우리밀의 지평을 넓혀가고 있는 마르쉐 이보은 대표님과 운영진들에게도 여러모로 많은 도움을 받았다. 감사드린다. 인터뷰에 기꺼이 응해주신 오가그레인 우기성 대표님께도 감사의 말씀을 전한다. 헬스레터 출판사의 황윤억 대표님께도 감사드린다. 글이 잘 안 써져 답답할 때마다 용기와 격려를 불어넣어 주시고, 여러 조언을 해주셔서 책을 잘 마무리할 수 있었다.

1. 이성규, 2021, 밀밭에서 빵을 굽다, 인문공간

2. 가이 크로스비, 2022, 푸드 사피엔스 과학으로 맛보는 미식의 역사, 북트리거

3. E. Sandberg, 2015, The effect of durum wheat bran particle size on the quality of bran enriched pasta, Master Thesis, Swedish University of Agricultural Sciences.

4. Belderok B., Mesdag J., Donner D.A. 2000, The wheat grain. In: Donner D.A. (eds) Bread—making quality of wheat. Springer, Dordrecht.

5. A C Hogg, T Sripo, B Beecher, J M Martin, M J Giroux, 2004, Wheat puroindolines interact to form friabilin and control wheat grain hardness, Theor Appl Genet. Apr., 108(6), pp. 1089—97.

6. P. Greenwell, and J. D. Schofield, 1986, A starch granule protein associated with endosperm softness in wheat, Cereal Chem. 63, pp. 379—380.

7. Telma de Sousa at al., 2021, The 10,000—Year Success Story of Wheat!, Foods, 10, 2124.

8. Merri C. Metcalfe, Heather E. Estrada and Stephen S. Jones, 2022, Climate—Changed Wheat: The Effect of Smaller Kernels on the Nutritional Value of Wheat, Sustainability 2022, 14, 6546.

9. Hildersten, Stella, 2023. The carbon footprint of rye bread production in Sweden: a life cycle assessment (LCA) of the Fazer product Rågkusar. Second cycle, A2E.

10. 윌리엄 데이비스, 2012, 밀가루 똥배, 에코리브르

빵맛의 비밀

11. Fred Brouns et al., 2022, Do ancient wheats contain less gluten than modern bread wheat, in favour of better health?, Nutrition Bulletin 47, pp. 157-167.

12. Callaway, E., 2014, Ancient bones show signs of struggle with coeliac disease, Nature, https://doi.org/10.1038/nature.2014.15128.

13. Lisa Kissing Kucek et al., 2015, A Grounded Guide to Gluten: How Modern Genotypes and Processing Impact Wheat Sensitivity, Comprehensive Reviews in Food Science and Food Safety 14, pp. 285−302.

14. Shujun Wang et al., 2018, New insights into gelatinization mechanisms of cereal endosperm starches, Scientific Reports 8, 3011.

15. Fucheng Zhao et al., 2018, Grain and starch granule morphology in superior and inferior kernels of maize in response to nitrogen, Scientific Reports 8: 6343

16. Shujun Wang et al., 2018, New insights into gelatinization mechanisms of cereal endosperm starches, Scientific Reports 8, 3011.

17. Thomas Teffri Chambelland, 2021, Traité de Boulangerie au Levain, Ducasse Edition.

18. 국립식량과학원, 2021, 품종 요약서(아리흑찰)

19. Clemens Schuster et al., 2023, Comprehensive study on gluten composition and baking quality of winter wheat, Cereal Chemistry 100, pp. 142-155.

20. Fernanda Ortolan and Caroline Joy Steel, 2017, Protein Characteristics that Affect the Quality of Vital Wheat Gluten to be Used in Baking: A Review, Comprehensive Reviews in Food Science and Food Safety Vol.16, pp. 369−381.

21. Belton, P. S., 1999, On the elasticity of wheat gluten, J. Cereal Sci. 29,

103-107.

22. Sabrina Geisslitz et al., 2019, Comparative Study on Gluten Protein Composition of Ancient (Einkorn, Emmer and Spelt) and Modern Wheat Species (Durum and Common Wheat), Foods 8, 409.

23. Sabrina Geisslitz et al., 2018, Gluten protein composition and aggregation properties as predictors for bread volume of common wheat, spelt, durum wheat, emmer and einkorn, Journal of Cereal Science 83, pp. 204-212.

24. Rossmann, A. et al., 2020, Effects of a late N fertiliser dose on storage protein composition and bread volume of two wheat varieties differing in quality, Journal of Cereal Science, 93, 102944.

25. John P. Melnyk et al., 2012, Using the Gluten Peak Tester as a tool to measure physical properties of gluten, Journal of Cereal Science Vol. 56(3), pp. 561−567.

26. P. R. Shewry et al., 2002, The structure and properties of gluten: an elastic protein from wheat grain, Philosophical Transactions of the Royal Society 357, pp. 133−142.

27. Peter R. Shewry et al., 2020, Spatial distribution of functional components in the starchy endosperm of wheat grains, Journal of Cereal Science 91, 102869.

28. R. Altamirano−Fortoul, A. Le−Bai, S. Chevallier, C.M. Rosell, 2012, Effect of the amount of steam during baking on bread crust features and water diffusion, Journal of Food Engineering 108, pp. 128-134.

29. Chiaki Sano, 2009, History of glutamate production, The American Journal of Clinical Nutrition Vol. 90, pp. 728S−732S.

30. N. Chaudhari, A.M. Landin, and S.D. Roper, 2000, A novel metabotropic glutamate receptor functions as a taste receptor, Nat.

Neuorosci., 3, pp. 113–119.

31. G. Nelson, J. et al., 2002, An amino-acid taste receptor, Nature 416, pp. 199–202.

32. Caroline Hamon, Valerie Le Gall, 2013, Millet and sauce: The uses and functions of querns among the Minyanka(Mali), Journal of Anthropological Archaeology 32, pp. 109-121.

33. Chopin Technologies, 2012, Mixolab application handbook.

34. T. F. Sugihara, Leo Kline, and M. W. Miller, 1971, Microorganisms of the San Francisco Sour Dough Bread Process I. Yeasts Responsible for the Leavening Action, Applied Microbiology, Vol. 21, No. 3, pp. 456–458.

35. Leo Kline and T. F. Sugihara, 1971, Microorganisms of the San Francisco Sour Dough Bread Process II. Isolation and Characterization of Undescribed Bacterial Species Responsible for the Souring Activity, Applied Microbiology, Vol. 21, No. 3 pp. 459–465.

36. L. De Vuyst et al., 2014, Microbial ecology of sourdough fermentations: Diverse or uniform?, Food Microbiology, Vol. 37, pp. 11–29.

37. Michael Gänzle and Valery Ripari, 2016, Composition and function of sourdough microbiota: From ecological theory to bread quality, International Journal of Food Microbiology, Vol. 239, pp. 19–25.

38. Hyeongrho Lee et al., 2015, Development of species-specific PCR primers and polyphasic characterization of Lactobacillus sanfranciscensis isolated from Korean sourdough, Int'l J. Food Microbiology, Vol. 200, pp. 80–86.

39. A. M. Calal et al., 1978, Lactic and volatile(C2–C5) organic acids of San Francisco sourdough french bread, Cereal Chemistry 55(4), pp. 461–468.

40. Giuseppe Perri et al., 2020, Sprouting process affects the lactic acid bacteria and yeasts of cereal, pseudocereal and legume flours, LWT − Food Science and Technology, Vol. 126, pp. 1−11.

41. Stephanie A. Vogelmann 등, 2009, Adaptability of lactic acid bacteria and yeasts to sourdoughs prepared from cereals, pseudocereals and cassava and use of competitive strains as starters, International Journal of Food Microbiology 130 205-212.

42. 롭던, 2020, 집은 결코 혼자가 아니다, 까치

43. Noah Fierer et al., 2008, The influence of sex, handedness, and washing on the diversity of hand surface bacteria, PNAS vol. 105 no. 46.

44. Aspen T. Reese et al., 2020, Influences of ingredients and bakers on the bacteria and fungi in sourdough starters and bread, Applied and Environmental Science, Vol.5, issue 1.

45. 앨러나 콜렌, 2016, 10퍼센트 인간, 시공사

46. Sarah Knight et al., 2015, Regional microbial signatures positively correlate with differential wine phenotypes: evidence for a microbial aspect toterroir, Scientific Reports Vol.,14233.

47. José Aníbal Mora-Villalobos et al., 2020, Multi−Product Lactic Acid Bacteria Fermentations: A Review, Fermentation 6, 23.

48. Michael Prückler et al., 2015, Comparison of homo− and heterofermentative lactic acid bacteria for implementation of fermented wheat bran in bread, Food Microbiology 49, pp. 211−219.

49. Luc De Vuyst and Patricia Neysens, 2005, The sourdough microflora: biodiversity and metabolic interactions, Trends in Food Science & Technology 16, pp. 43−56.

50. Steven Kaplan, 2006, Good bread is back, Duke University Press.

빵맛의 비밀

51. Raffaella Di Cagno 등, 2014, Diversity of the Lactic Acid Bacterium and Yeast Microbiota in the Switch from Firm- to Liquid-Sourdough Fermentation, Appl. Environ. Microbiol. 80(10):3161.

52. Mojisola Olanike Adegunwa 등, 2011, Effects of fermentation length and varieties on the pasting properties of sour cassava starch, African Journal of Biotechnology 10(42), pp. 8428-8433.

53. Cindy J. Zhao et al., 2016, Formation of taste-active amino acids, amino acid derivatives and peptides in food fermentations - A review, Food Research International 89, pp. 39-47.

54. Cécile Pétel, Bernard Onno, Carole Prost, 2017, Sourdough volatile compounds and their contribution to bread: A review, Trends in Food Science & Technology Vol. 59, pp. 105-123.

55. Mugihito Oshiro, Takeshi Zendo, and Jiro Nakayama, 2021, Diversity and dynamics of sourdough lactic acid bacteriota created by a slow food fermentation system, Journal of Bioscience and Bioengineering VOL. 131 No. 4, 333e340.

56. H.-W. Baek et al., 2021, Dynamic interactions of lactic acid bacteria in Korean sourdough during back-slopping process, J. Applied Microbiology 131(5) pp. 2325-2335.

57. Francieli Begnini Siepmann, Beatriz Sousa de Almeida, Nina Waszczynskyj, Michele Rigon Spier, 2019, Influence of temperature and of starter culture on biochemical characteristics and the aromatic compounds evolution on type II sourdough and wheat bread, LWT Vol. 108, pp. 199-206.

58. E. N. Horsford, 1875, Report on Vienna bread, Washington Government Printing Office.

59. Mareile Heitmann, Emanuele Zannini, Elke K. Arendt, 2015, Impact of

different beer yeasts on wheat dough and bread quality parameters, Journal of Cereal Science, Vol. 63, pp. 49–56.

60. Kashika Arora, Hana Ameur, Andrea Polo, Raffaella Di Cagno, Carlo Giuseppe Rizzello, Marco Gobbetti, 2021, Thirty years of knowledge on sourdough fermentation: A systematic review, Trends in Food Science & Technology 108, pp. 71-83.

61. Raymond Calvel, 1990, The taste of bread, Springer Science+Business Media

62. 김홍표, 2016, 먹고 사는 것의 생물학, 궁리출판

63. Anne-Sylvie Crisinel, Caroline Jacquier, Ophelia Deroy, and Charles Spence, 2013, Composing with Cross-modal Correspondences: Music and Odors in Concert, Chem. Percept. Vol. 6, pp. 45-52

64. 채드 로버트슨, 2015, 타르틴 브레드, 한스미디어

빵맛의 비밀